Muhammad Aurongzeb
Yasmeen Rashid

Desvendando a ameaça da ameba comedora de cérebro: Genotipagem e vigilância

Muhammad Aurongzeb
Yasmeen Rashid

Desvendando a ameaça da ameba comedora de cérebro: Genotipagem e vigilância

Avançar no diagnóstico e na segurança da água para combater a meningoencefalite amebiana primária em áreas urbanas

ScienciaScripts

Imprint

Cover image: www.ingimage.com

This book is a translation from the original published under ISBN 978-620-3-84804-5.

Publisher:
Sciencia Scripts
is a trademark of
Dodo Books Indian Ocean Ltd. and OmniScriptum S.R.L publishing group

120 High Road, East Finchley, London, N2 9ED, United Kingdom
Str. Armeneasca 28/1, office 1, Chisinau MD-2012, Republic of Moldova, Europe
Managing Directors: Ieva Konstantinova, Victoria Ursu
info@omniscriptum.com

Printed at: see last page
ISBN: 978-620-8-61320-4

Índice

ABREVIATURAS

^{0}C	Celsius scale
3G	third-generation
4G	Fourth-generation
4-AAP	4-amino-antipyrine
ATCC	American Type Culture Collection
Atp	ATP synthase
BSC	Biological Safety Cabinet
bp	base pair
CCD	Charge-coupled device
C	Cytosine
CDC	Centers for Disease Control and Prevention
CFU	Colony-forming unit
CNS	Central nervous system
cob	Ubiquinol:cytochrome c oxidoreductase
cox	Cytochrome c oxidase
DC	Differential count
DNA	Deoxyribonucleic acid
dNTP	Deoxynucleoside triphosphate
ddNTP	Dideoxynucleotides triphosphates
DPD N,	N- diethyl1, 4-p-phenylenediamine
dsDNA	Double stranded DNA
E.coli	Escherichia coli
eDNA	Environmental DNA
EDTA	Ethylenediamine tetraacetic acid
EMB	Eosin methylene blue
ESCO	Energy Service Company
FLA	Free-living amoeba
H_2O_2	Hydrogen peroxide
GA	Genome Analyzer
GOD	Glucose oxidase
Gpb	Giga base pairs
gm	Gram
HS	High sensitivity
IBGE	Institute of Biotechnology & Genetic Engineering
ICCBS	International Center for Chemical and Biological Sciences
IgA	Immunoglobulin A
IgG	Immunoglobulin G
IgM	Immunoglobulin M
IEM	Illumina Experiment Manager
ITS	Internal Transcribed Spacer
kDa	kilo-daltons
KDCM	Karachi Diagnostic Centre and Molecular Biology Laboratory
KWSB	Karachi Water and Sewerage Board
mA	Milliampere
µg	Microgram
µM	micromolar

MCS	MiSeq Control Software
MD	Molecular Dynamics
MICS	Multiple Indicator Cluster Survey
MLSA	Membrane lauryl sulphate agar
nad	NADH dehydrogenase
nM	Nanomolar
NGS	Next Generation Sequencing
NNA	Non-nutrient agar
ONT	Oxford Nanopore Technology
orf	Open reading frame
PCR	Polymerase chain reaction
PDB	Protein Data Bank
PE	Paired-end
pM	Picomolar
PME	Particle Mesh Ewald
ppm	Parts per million
RBC	Red blood cell
RNase	Ribonucleasee
rpl	Ribosomal proteins large subunit
RPM	Revolutions per minute
PMA	Primary amoebic meningoencephalitis
POD	Peroxidase
rDNA	Ribosomal DNA
rps	Ribosomal proteins small subunit
SBL	Sequencing by ligation
SBS	Sequencing by synthesis
SMRT	Single molecule real-time
sdh	Succinate:ubiquinone oxidoreductase
SPC	Standard plate count
Spp	Species
T	Thymine
TAE	Tris-acetate-EDTA
TLC	Total leucocyte count
tatC	Sec-independent protein translocase protein
UNCIFE	United Nations Children's Fund
VMD	Visual molecular Dynamics
WBC	White blood cells
WHO	World Health Organization
X g	Relative Centrifugal Force
yejR	yellow dark eyed junco
yeju	yellow-eyed junco
ZMW	Zero-mode waveguides

CAPÍTULO 1

INTRODUÇÃO

1.1 AMEBA DE VIDA LIVRE (FLA)

As amebas de vida livre (FLA) são organismos pequenos e de vida livre que se encontram amplamente distribuídos no solo e na água[1, 2] . As FLA dos géneros Naegleria, Acanthamoeba, Balamuthia e Sppinia são micróbios causadores de doenças. Estes protistas eucarióticos aeróbicos vivem no ambiente aquático como fagótrofos comedores de bactérias. Sendo oportunistas, podem causar infecções graves no sistema nervoso central (SNC) humano e no olho[3-5] . Por conseguinte, são designados como "anfizóides", ou seja, capazes de viver como organismos de vida livre e como endoparasitas[6] . Geograficamente, estão distribuídos por todo o mundo em água doce, lama e solo húmido, onde normalmente se alimentam de bactérias. Foram registados em todo o mundo centenas de doentes com invasão do SNC por *Naegleria fowleri,* Acanthamoeba spp. e Balamuthia Mandrillaris, bem como doença ameaçadora da visão por *Acanthamoeba Keratitis*[7-9] . Com base na disponibilidade de dados morfológicos, bioquímicos e de sequências genómicas, a sociedade internacional de protozoologistas reviu a classificação taxonómica dos FLAs, em que Acanthamoeba e Balamuthia foram classificados no supergrupo Amoebozoa: Acanthamoebidae; *Naegleria fowleri* no supergrupo Excavata: Heterolobosia: Vahkampfidae; e Sappina diploidea no supergrupo Amoebozoa: Flabellinea: Thecamoebidae . [10-14]

1.1.1 N. FOWLERI E MENINGOENCEFALITE AMEBIANA PRIMÁRIA (PAM)

A N. fowleri é um protozoário de vida livre que se encontra omnipresente nos arredores, especialmente em águas quentes (Figura 1.1)[1] . Entre mais de 30 espécies diferentes de *Naegleria, a N. fowleri* é a única espécie patogénica conhecida[1, 4] . Entra pelo nariz a partir de água contaminada e atinge o sistema nervoso central através do nervo olfativo, onde provoca uma inflamação grave do cérebro e das meninges. A maioria dos indivíduos infectados morre no prazo de uma a duas semanas após a infeção devido a atrasos ou erros de diagnóstico[15, 16] . A ocorrência de PAM está sobretudo associada à natação em água doce, principalmente em piscinas com cloro inadequado .[17, 18]

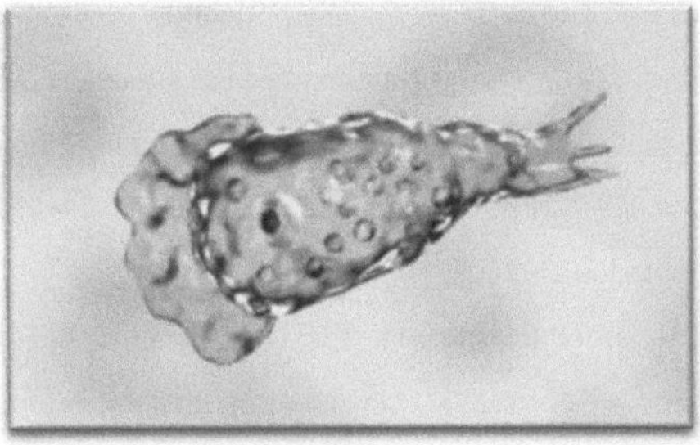

Figura 1.1: Vista microscópica de *Naegleria fowleri*. (https://images.app.goo.gl/fgAwqSw3rR46sU9BA)

As manifestações clínicas da PAM são semelhantes às da meningite bacteriana ou viral, incluindo dores de cabeça, vómitos, febre, rigidez do pescoço, confusão, alterações da consciência, anorexia, convulsões, etc [19](.) Um medicamento antifúngico, ou seja, a anfotericina B, é considerado um medicamento de escolha, isoladamente ou em combinação com outros medicamentos, para tratar a PAM, embora, utilizando esta estratégia, apenas 3% dos casos de PAM notificados tenham sido curados[10, 11, 20] . Devido ao início rápido, à natureza depreciativa da doença e à falta de uma terapia eficaz, considera-se que a infeção por *N. fowleri* constitui um grande desafio.

Para compreender a patogénese *da N. fowleri*, desenvolver terapias e vacinas eficazes, bem como ferramentas de diagnóstico rápido, é crucial efetuar a sua anotação genómica detalhada. Recentemente, o genoma de *N. fowleri* foi sequenciado na Suíça. De acordo com esse estudo, o genoma nuclear *da N. fowleri* tem 29 619 856 pb e é rico em conteúdo AT. Além disso, a regulação positiva de 22 proteínas diferentes foi também comunicada em *N. fowleri* altamente patogénica . [12]

O aparecimento de uma infeção fatal por *N. fowleri* em Carachi, no Paquistão, de 2008 a 2019, também foi comunicado recentemente [21]. Alguns dos doentes não apresentavam antecedentes de natação. No entanto, uma vez que todos os doentes eram muçulmanos, efectuavam rotineiramente abluções rituais, ou seja, levavam água para as narinas[13] . A infeção adquirida por esta via foi comunicada[14] . Foi observado um aumento súbito do número de indivíduos infectados devido a alterações nas condições climáticas que envolvem basicamente o aumento da temperatura e a redução do cloro na água. Certos surtos de *N. fowleri* podem ter consequências graves para o público em geral. O controlo e/ou o tratamento bem sucedido desta doença mortal é extremamente importante na nossa região. Por conseguinte, é fundamental analisar a composição genética da estirpe patogénica local de *N. fowleri*, especialmente as obtidas a partir de isolados clínicos.

A meningoencefalite amebiana primária (MPA) é uma das doenças raras mas rapidamente progressivas do mundo, causada por uma espécie amebiana *Naegleria fowleri* de vida livre, termotolerante, que pode sobreviver na sua forma patogénica mesmo a temperaturas mais elevadas, até 46^0C][22 . A taxa de mortalidade mais elevada da PAM (superior a 97%) tornou-a numa emergência médica grave][23 . A PAM é uma infeção aguda e fulminante do SNC que progride de forma rápida e agressiva. Os doentes morrem geralmente no prazo de 3 a 7 dias após o início dos sinais e sintomas][21 . Os casos de PAM foram registados principalmente em indivíduos com uma história recente de exposição a água doce quente.

A infeção do PAM inicia-se com a entrada da *N. fowelri* através da cavidade nasal, quando a água é salpicada ou forçada a entrar no nariz. Em seguida, a ameba penetra no neuroepitélio e, por fim, atravessa a placa cribriforme, chegando finalmente ao bolbo olfativo, onde inicia a destruição do nervo. Por conseguinte, é também designada por "ameba comedora de cérebro" [. 21, 24]

O principal objetivo deste estudo foi fornecer informações para compreender a biologia básica da *N. fowleri*, o que pode ser um passo para a descoberta de novas terapêuticas contra este agente patogénico mortal.

1.1.1.1 CICLO DE VIDA DE *N. FOWLERI*

A N. fowleri tem três fases distintas no seu ciclo de vida: trofozoíto, flagelado e quisto (Figura 1.2). Reproduzem-se por fissão binária durante a fase reprodutiva do trofozoíto. Quando o ambiente não tem disponibilidade adequada de alimentos, o trofozoíto (10-25 µm de tamanho) transforma-se num flagelado de forma oval (10-16 µm de tamanho). Os flagelados têm dois flagelos na extremidade anterior que permitem a dispersão da *N. fowleri* em água doce. O flagelado pode voltar à forma de trofozoíto quando as condições são favoráveis. Do mesmo modo, sob certas pressões ambientais, como a fome, a dessecação ou a cloração, convertem-se num quisto de parede dupla com cerca de 8-20µm, que pode tolerar temperaturas extremas, mas parece ser sensível ao congelamento. Os trofozoítos alimentam-se de bactérias e fungos em águas quentes e podem formar quistos que se depositam no fundo das massas de água durante o inverno .[1, 2, 25]

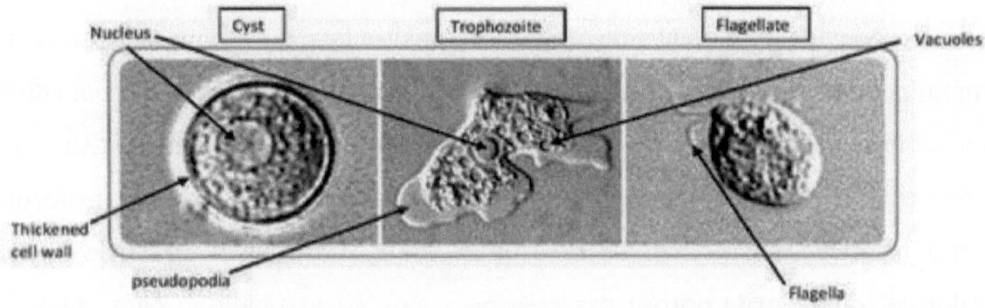

Figura 1.2: Ciclo de vida de *N. fowleri*. Dependendo das condições ambientais, *a N. fowleri* pode existir como uma fase amebiana trófica, uma fase flagelada ou uma fase de quisto .[1]

1.1.1.2. CULTIVO

O isolamento de *N. fowleri* a partir de material clínico (LCR ou tecido cerebral) ou de amostras ambientais (água ou solo) é efectuado em placas de ágar não nutritivo a 1,5% revestidas com uma camada de *E. coli* ou de outras bactérias não mucóides[26] . *A N. fowleri* também pode ser cultivada em condições axénicas (sem células) numa variedade de meios de cultura enriquecidos[27] , como o meio de Nelson[28] ou o meio de Cline[27, 29] , bem como em meios quimicamente definidos[30] . Além disso, *a Naegleria* pode ser cultivada numa vasta gama de diferentes culturas de células de mamíferos, tendo sido desenvolvidos vários modelos animais, incluindo ratos[31] , macacos[32] , porquinhos-da-índia[33] , ovelhas[34] e coelhos .[35]

A N. fowleri isolada de tecido de biopsia cerebral, líquido cefalorraquidiano e amostras ambientais pode ser colocada em placas de ágar não nutritivo a 1,5% revestidas com uma camada de *E. coli* ou outras bactérias não mucóides][36-37 . Foram descritos vários meios líquidos axénicos (sem células), como o meio de Nelson ou o meio de

Cline, para o crescimento de *N. fowleri* . [27-29]Foram desenvolvidos muitos meios quimicamente definidos para *N. fowleri* . [30]

1.1.1.3 PATOGÉNESE

O primeiro caso de PAM foi relatado por M. Fowler e Carter, da Austrália do Sul, em 1965 [38] . Além disso, Butt, em 1966, designou esta doença como meningoencefalite amebiana primária (PAM) para diferenciar esta infeção primária da infeção secundária do SNC causada pela *Entamoeba histolytica,* um parasita intestinal[39] . A PAM é uma infeção aguda, fulminante, de progressão rápida e fatal do sistema nervoso central . Foram documentadas infecções por *N. fowleri* tanto em crianças como em adultos após natação em água doce quente, mergulho e outras actividades recreativas. *A N. fowleri* entra no hospedeiro através da cavidade nasal sob a forma de trofozoíto, penetra na mucosa nasal, nos nervos olfactivos e, finalmente, atravessa a placa cibriforme (que é mais porosa nas crianças e nos jovens adultos) para chegar ao cérebro. Uma vez no cérebro, as amebas induzem uma inflamação aguda juntamente com hemorragia e necrose dos tecidos. *A N. fowleri* exerce a sua patogenicidade através da libertação de determinadas moléculas citolíticas, tais como hidrolases ácidas, fosfolipases, neuraminidases, proteínas formadoras de poros, proteases e enzimas fosfolipolíticas[11] . Os doentes sofrem de dores de cabeça fortes e súbitas, febre, náuseas, vómitos, rigidez do pescoço e anomalias comportamentais. O aumento da pressão intracraniana leva a paragem cardiorrespiratória e edema pulmonar, a causa habitual de morte, que ocorre na maioria dos casos 7 a 10 dias após a infeção[1, 40] . Devido à rápida progressão, a PAM é geralmente diagnosticada post mortem através da coloração do tecido cerebral com hematoxilina e eosina. De qualquer modo, houve vários sobreviventes da PAM que foram diagnosticados inicialmente e, por conseguinte, o tratamento foi iniciado rapidamente[41] . Para que o doente seja bem sucedido, é essencial um diagnóstico rápido por exame microscópico[42] ou por PCR[43-45] para detetar trofozoítos em amostras de LCR. O medicamento de eleição para o tratamento da PAM é a anfotericina B em combinação com a rifampicina e outros medicamentos antifúngicos .[46]

1.1.1.4 MECANISMOS DE PATOGENICIDADE

Foram cultivadas diversas linhas celulares com *N. fowleri* para classificar a interação entre *N. fowleri* e as células hospedeiras. Foi demonstrado que *a N. fowleri* destrói as suas células-alvo através de uma combinação de fagocitose (mecanismos dependentes do contacto)[28, 29] e da ação citolítica de enzimas segregadas (mecanismos independentes do contacto)[47, 48]. Tanto as vias dependentes como as independentes do contacto seriam utilizadas pela *N. fowleri* para matar as células-alvo através de um fenómeno complexo e ainda desconhecido. São necessários mais estudos para identificar potenciais factores de patogenicidade *da N. fowleri* e para analisar os seus papéis específicos na infeção por *N. fowleri.*

1.1.1.4.1 **MECANISMOS DEPENDENTES DO CONTACTO**

Os mecanismos dependentes do contacto são processos patogénicos mediados por *N. fowleri.* As estruturas "Food-cup" (amebastomas) (Figura 1.3A) na superfície de *N. fowleri* são projecções pseudopodiais que variam em tamanho e número dependendo da espécie e estirpe de *Naegleria.* Estão envolvidas na fixação da ameba ao substrato, bem como na atividade fagocítica (trogocitose)[27, 49]. Uma vez que a proteína citoesquelética actina e a proteína de choque térmico 70 (hsp70) estão localizadas em torno destes copos alimentares, propõe-se que estas proteínas possam estar envolvidas nos mecanismos de patogenicidade dependentes do contacto da *N. fowleri*[50, 51]. Enquanto a actina é um fator crucial para a formação dos copos de comida[52], a hsp70 também desempenha um papel essencial na proliferação da ameba e na estratégia de sobrevivência a temperaturas mais elevadas[51, 53]. No entanto, pensa-se que ambos os componentes são cruciais para a citotoxicidade *in vitro* contra diferentes células de mamíferos .[53-57]

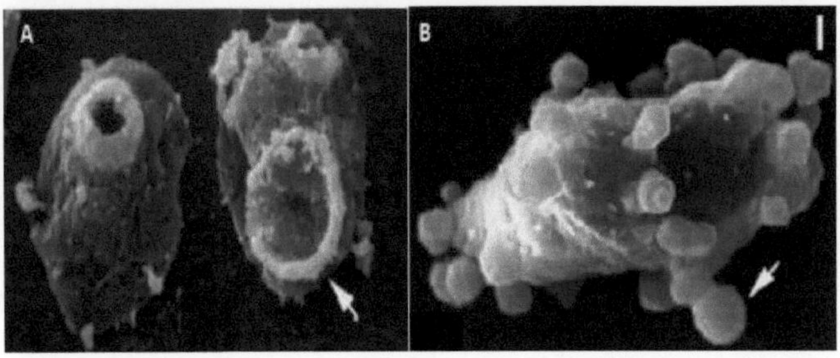

Figura 1.3: Taças de alimento e vesículas de membrana de *N. fowleri*. (A) MEV de trofozoítos mostrando copos de alimento (setas) na sua superfície e (B) um trofozoíto mantido em meio de Nelson que sofre vesiculação da membrana (setas) .[40]

A ligação dos agentes patogénicos às células hospedeiras é um dos passos fundamentais para induzir uma infeção bem sucedida. A capacidade dos trofozoítos para se fixarem à mucosa nasal e uma motilidade acrescida quando colocados na proximidade de células de mamíferos podem ser factores cruciais para a progressão da doença[26, 58] . Durante a invasão dos tecidos, os trofozoítos tendem a ligar-se às glicoproteínas da matriz extracelular do hospedeiro, como a fibronectina, a laminina-1 e o colagénio I[26, 59] . O recetor do tipo integrina da superfície celular de *N. Fowleri* adere à proteína fibronectina. A Mp2CL5 e a proteína CD59-like (reactiva com anticorpos para CD59 humano) são duas outras proteínas de membrana que foram isoladas de *Naegleria* patogénica[32, 60] . Foi sugerido que a proteína CD59-like interage com as proteínas cinases[32] , resultando na vesiculação da membrana (Figura 1.3B), um processo que potencialmente protege *a N. fowleri* da lise mediada pelo complemento[33] . De um modo geral, *a N. fowleri* resiste aos danos do complemento através das suas proteínas reguladoras do complemento, incluindo a proteína semelhante à CD59, e através da libertação do complexo de ataque à membrana do sistema do complemento da superfície celular sob a forma de vesículas .[33, 61]

1.1.1.4.2 **MECANISMOS INDEPENDENTES DO CONTACTO**

Os mecanismos independentes de contacto *de N. fowleri* envolvem proteínas formadoras de poros, como os naegleriapores A e B, que desempenham um papel duplo na patogénese, uma vez que exercem atividade citolítica e antibacteriana. Os naegleriaporos lisam rapidamente as células humanas *in vitro,* sendo assim provavelmente importantes para a invasão dos tecidos durante o desenvolvimento da PAM. Além disso, uma vez que *a N. fowleri* se alimenta de bactérias na natureza, os naegleriapores podem estar envolvidos na morte de bactérias fagocitadas. Os naegleriaporos A e B são armazenados em grânulos intracelulares que podem fundir-se com os fagolisossomas quando contêm bactérias ingeridas e que podem ser libertados se os trofozoítos estiverem próximos das células hospedeiras[34, 62] . Outras proteínas proteolíticas relatadas incluem os naegleriapores A e B (N-A e N-B), durante o processamento biológico de N-A e N-B, a participação da cisteína protease é essencial[63] . Por outro lado, pensa-se que a secreção de proteínas citolíticas *de N. fowleri* desempenha um papel importante na patogénese. Nomeadamente, certas proteases *de N. fowleri* são responsáveis pela lise do epitélio olfativo[64] . Foi referido que *a N. fowleri* segrega proteases, como uma protease da família das cisteínas de 30 kda que catalisa a degradação *in vitro* de proteínas da matriz extracelular[65] . Recentemente, a catepsina B, uma protease da família das cisteínas, foi clonada e purificada. As catepsinas B têm a capacidade de destruir os tecidos do hospedeiro, bem como a sua imunidade. A catepsina pode degradar uma variedade de substâncias humanas como IgA, IgG, IgM, colagénio, fibronectina, hemoglobina e albumina[66, 67] . Vários estudos provaram a secreção de fosfolipases, fosfatase, leucina aminopeptidase, serina proteases e mucanase por *N. fowleri*[68] . Estas enzimas estão envolvidas na patogenicidade *da N. fowleri* [69][70, 71] . Sabe-se que algumas moléculas libertadas pelos trofozoítos *de N. fowleri* induzem a apoptose de células microgliais humanas num mecanismo independente do contacto[48] . Em conclusão, os trofozoítos de N. fowleri podem libertar potenciais factores virulentos que podem causar citotoxicidade no sistema hospedeiro sem adesão.

1.1.1.5 GENÓTIPOS *DE N. FOWLERI*

A N. fowleri foi registada em todos os continentes habitados. Foram caracterizados oito genótipos distintos *de N. fowleri* com base no comprimento da região ITS1 e na presença de um C em vez de um T na posição 31 da sequência 5.8S rDNA (Quadro 1.1). Dependendo do genótipo, os principais componentes da região ITS1 incluem duas sequências principais, ou seja, M1 e M2, e duas sequências repetidas, ou seja, R1 e R2. A sequência R2 é idêntica à sequência M2, com exceção de um T adicional na extremidade 3`. A sequência R1 também evoluiu a partir da sequência M2, mas tem uma deleção de 12 pb na extremidade 3` com um T adicional na extremidade 3`.

Os genótipos 1 e 2, e os tipos 3 e 4, respetivamente, mostram apenas uma transição de C para T, uma vez que os comprimentos ITS1 são idênticos. O genótipo 5 tem um tipo diferente de sequência ITS1 com o T na posição 31 na sequência 5.8S rDNA. Os tipos 6, 7 e 8 têm o T na posição 31 da sequência 5.8S rDNA. A diferença no comprimento do ITS1 deve-se às inserções de repetições curtas[72] (Tabela 1.1). A elevada frequência de ocorrência dos genótipos 2 e 3 sugere que a transição de C para T na posição 31 do 5.8S rDNA *de N. fowleri* deve ter evoluído mais cedo; ao passo que todos os outros genótipos *de N. fowleri* podem ter evoluído a partir deles através do aumento do número de duas repetições, especialmente a sequência R2, na extremidade 5`, e através de uma supressão de dois pb na sequência da repetição R1 no tipo 5. Os genótipos com ITS1 mais longo são relativamente menos abundantes, o que indica a sua evolução recente. Estes genótipos foram principalmente isolados de águas termicamente poluídas na Europa, o que poderá ser um bom local para a sua rápida evolução. Nos EUA e no México, foram ainda identificados os genótipos 1, 2 e 3. Na Oceânia e no Japão, apenas se sabe da existência do genótipo 5. Todos os genótipos, com exceção do genótipo 1, foram notificados na Europa.

É interessante notar que a *N. fowleri* patogénica difere da *N. lovaniensis* não patogénica em apenas um pb na localização 166 do 5.8S rDNA. Algumas estirpes *de N. fowleri* apresentaram uma base idêntica na localização 31 da sequência de rDNA 5.8S com a de *N. lovaniensis*, enquanto outras apresentam uma transição de C para T (quadro 1.1). O ITS1 de *N. lovaniensis* possui apenas as sequências principais, M1 e M2, em que a sequência M2 apresentou 100% de identidade, enquanto a sequência M1 apresentou 4 transições de pb e uma supressão de pb em comparação com a de *N. fowleri*. Por conseguinte, acredita-se que *N. lovaniensis* seja o antepassado de *N. fowleri*. [73, 74]

Tabela 1.1: Distribuição dos *de N. fowleri*
[11]

Location	Genotype	ITS1	5.8S	ITS2	Strain	EBI
USA & Mexico	1	42	C	106	7853	AY376149
	2	42	T	106	AR12	X96564
	3	86	T	106	LEE	X96562
Europe	2	42	T	106	G1-3-e3a	AJ132019
	5	84	C	106	Na 420c	AJ132028
	4	86	C	106	Ch2-1-f2	AJ132030
	3	86	T	106	KUL	X96561
	6	114	T	106	J2B2	FR875287
	8	130	T	106	C0504	FR875288
	7	142	T	106	M4E	X96563
Oceania & Japan	5	84	C	106	Norhtcott	X96565
Asia (mainland)	2	42	T	106	NG894	AJ132018
	3	86	T	106	Siriraj	NA

1.1.1.6 Importância do estudo

O Paquistão foi classificado como o segundo país mais afetado por *N. fowleri*, onde a maioria das incidências de PAM foram registadas na cidade de Karachi, que é um centro industrial e uma cidade densamente povoada do país com maioria muçulmana [21]. Karachi é uma cidade altamente urbanizada, com mais de 16 milhões de habitantes; o acesso ao abastecimento de água potável e a poluição ambiental são os problemas mais destacados nesta cidade. De acordo com um inquérito da UNICEF, cerca de 40% das pessoas no Paquistão morrem anualmente apenas devido à ingestão de água contaminada [75]. Devido a um sistema sanitário inadequado, à negligência no tratamento prévio da água e à falta de recursos, há milhares de tipos de micróbios presentes no abastecimento doméstico de água de Carachi. Por conseguinte, os residentes desta megacidade não têm outra opção senão consumir a água contaminada e não segura, que é a principal razão das doenças transmitidas pela água [76]. Além disso, Carachi tem um clima moderadamente árido, com longos Verões quentes de março a outubro e Invernos amenos. Este clima regional tornou-se demasiado extremo para suportar o crescimento de *N. fowleri* durante os Verões. As deficientes infra-estruturas de abastecimento de água potável de Carachi são a principal causa da prevalência de micróbios potencialmente patogénicos como a *N. fowleri* no abastecimento de água potável. Além disso, ainda não existem dados adequados disponíveis sobre a prevalência de *N. fowleri* nas amostras de água da torneira de Carachi ou do Paquistão [77].

A genotipagem molecular de *N. fowleri* pode ser utilizada para compreender a epidemiologia, a patogénese e a transmissão do agente patogénico, definindo mesmo o local específico de onde o doente foi infetado. Em todo o mundo, já foram registados oito genótipos diferentes *de N. fowleri* [11]. Ainda não foi comunicada qualquer informação genotípica sobre a *N. fowleri* do Paquistão. É extremamente necessário determinar não só o genótipo mas também a sequência do mitogenoma do isolado clínico de *N. fowleri* do Paquistão, para além da avaliação da prevalência global de *N. fowleri* nas amostras de água da torneira de diferentes cidades de Carachi

1.2 QUESTÃO DE INVESTIGAÇÃO:

1. Qual é o genótipo e a sequência do mitogenoma da *N. fowleri* clinicamente isolada do Paquistão? A água da torneira de 18 cidades diferentes de Karachi está contaminada com *N. fowleri* ou outras *Nagleria spp*? Podem também ser construídas estruturas tridimensionais de enzimas importantes *de N. fowleri* utilizando técnicas in silico?

1.3 OBJECTIVOS DO ESTUDO:

Os principais objectivos deste estudo foram os seguintes

1. Isolamento, identificação e genotipagem de *N. fowleri isolada do* LCR do doente, bem como da água da torneira da sua residência em Karachi, Paquistão, seguido de sequenciação do genoma mitocondrial *de N. fowleri* e estudos bioinformáticos.
2. Identificação por PCR de *N. fowleri* nas amostras de água da torneira de 18 cidades diferentes de Karachi, Paquistão.
3. Análises bioinformáticas estruturais das enzimas catepsina-B *de N. fowleri* (importantes alvos de medicamentos

CAPÍTULO 2

REVISÃO DA LITERATURA

2.1 NAEGLERIA FOWLERI

O género Naegleria recebeu o nome do protozoologista alemão Kurt Naegler[3] . Tem cerca de 50 espécies distintas. Fowler e Carter descreveram pela primeira vez que *a N. fowleri* é a única espécie patogénica do género Naegleria . [2-4]
Cecil Butt[15] recomendou meningoencefalite amebiana primária (PAM) como o nome da doença causada pela ameba mortal, *N. fowleri [ ]*78 . A PAM tem uma elevada taxa de mortalidade; os doentes morrem geralmente uma semana após a infeção [ ]21 . As incidências de PAM têm estado sobretudo relacionadas com a natação e outras actividades recreativas em água doce e quente. Apenas *a N. fowleri* e a sua parente próxima *N. lovaniensis* crescem de forma óptima a uma temperatura de 44°C, enquanto outras espécies não conseguem crescer a esta temperatura. Além disso, *a N. australiensis* e *a N. italica* são patogénicas para os animais mas não patogénicas para os seres humanos .[73]

As espécies relacionadas com o género Naegleria estão presentes em quase todos os continentes. Na atmosfera fria da Antárctida e da Árctica, sabe-se da existência de *Naegleria polaris]*[79 . *N. fowleri* é um termófilo conhecido que pode tolerar temperaturas até 45°C. Assim, prolifera sobretudo durante os meses quentes de verão, quando a temperatura ambiente é elevada. A ameba encontra-se normalmente em lagos, rios, solo, poeira, piscinas, esgotos, lagoas, fontes termais, efluentes termicamente poluídos de centrais eléctricas e canais de irrigação. As infecções ocorrem principalmente em crianças e jovens adultos com uma história recente de natação em águas contaminadas . [1, 2]

A PAM é considerada uma doença rara, uma vez que, até à data, foram registados cerca de 400 casos a nível mundial. Devido à falta de um diagnóstico adequado e atempado, um grande número de casos nos países em desenvolvimento passou despercebido. Mesmo assim, o número de infecções por *N. fowleri* notificadas está a aumentar todos os anos. Em Karachi, no Paquistão, o primeiro doente com PAM foi notificado em junho de 2008. Mais de cem casos de PAM foram notificados no Paquistão até julho de 2018][24, 80-84 . Em particular, todos os casos de PAM notificados em Karachi, Paquistão, foram observados no verão quente. No entanto, o aquecimento global pode criar novos nichos ambientais que permitem que a ameba termofílica se estabeleça, sobreviva e se multiplique. As infecções por *Naegleria* podem ser controladas através da cloração da água de abastecimento doméstico, de piscinas e em zonas de alto risco . [4]

A PAM foi registada pela primeira vez na Florida, EUA, em 1962, e até agora foi registada em mais de 15 países do mundo, incluindo os EUA e o Paquistão. O Paquistão é o segundo país mais afetado por *N. fowleri*, onde a maior parte das incidências de PAM foram registadas na cidade de Carachi, que é um centro industrial e uma cidade densamente povoada do país com maioria muçulmana [ ]21, 85 . Karachi é uma cidade altamente urbanizada, com mais de 16 milhões de habitantes; o acesso ao abastecimento de água potável e a poluição ambiental são as questões mais importantes nesta cidade. De acordo com um inquérito da UNICEF, cerca de 40% das pessoas no Paquistão morrem anualmente apenas devido à ingestão de água contaminada][86 . Devido a um sistema sanitário inadequado, à negligência no tratamento prévio da água e à falta de recursos, há milhares de tipos de micróbios presentes no abastecimento doméstico de água de Carachi. Por conseguinte, os residentes desta megacidade não têm outra opção senão consumir a água contaminada e não segura, que é a principal razão das doenças transmitidas pela água] .[87

Karachi tem um clima moderadamente árido, com longos Verões quentes de março a outubro e Invernos amenos, mas também recebe chuvas de monção entre julho e setembro. Este clima regional tornou-se demasiado extremo para suportar o crescimento de *N. fowleri* durante o verão. Além disso, todos os casos de *N. fowleri* de Karachi foram registados apenas na comunidade muçulmana. Os doentes não apresentavam antecedentes de qualquer atividade recreativa, praticando antes um ritual regular de ablução com água da torneira][88 . As más infra-estruturas de abastecimento de água potável de Carachi são a principal causa da prevalência de micróbios potencialmente patogénicos no abastecimento de água potável. Além disso, ainda não existem dados adequados disponíveis sobre a prevalência de contaminantes amebianos patogénicos na água da torneira do Paquistão] .[88, 77

A genotipagem molecular de *N. fowleri* pode ser utilizada para compreender a epidemiologia, a patogénese e a transmissão do agente patogénico, definindo mesmo o local específico a partir do qual o doente foi infetado. Os genótipos *de N. fowleri* foram caracterizados com base no comprimento da sequência ITS1 (Internal Transcribed Spacer 1) e na transição de C para T na posição 31 da sequência 5.8S rDNA. Todos os genótipos evoluíram a partir uns dos outros através da adição de repetições na sequência ITS1, juntamente com uma transição de C para T na posição 31 do 5.8S rDNA. Em todo o mundo, já foram registados oito genótipos diferentes *de N. fowleri*. A baixa frequência de genótipos *de N. fowleri* que consistem em regiões ITS-1 mais longas indica que estes genótipos só foram originados recentemente. Nomeadamente, a maioria destes genótipos foi isolada de águas termicamente poluídas na Europa. A temperatura elevada da água termicamente poluída parece ser o fator responsável pelo rápido crescimento e evolução dos genótipos *de N. fowleri*. No entanto, esta hipótese precisa de ser mais bem avaliada. As condições metrológicas em Carachi também foram alteradas muito rapidamente durante a última década, introduzindo estações de verão relativamente mais longas e mais quentes, o que indica a possibilidade de existência de mais de um genótipo *de N. fowleri* [11]. Existe uma necessidade premente de avaliar a qualidade da água da torneira da cidade de Carachi.

2.2 TECNOLOGIAS DE SEQUENCIAÇÃO DE ADN

Em 1977, o genoma do bacteriófago Phi X174 de ADN de cadeia simples foi descodificado pela primeira vez[87, 88] . No entanto, até finais dos anos 80, a sequenciação do ADN era manual ou semi-automatizada, pelo que só era possível sequenciar algumas centenas de nucleótidos numa experiência. [89]. No início dos anos 90, foi introduzida uma estratégia de sequenciação de ADN muito apreciável, a eletroforese de matriz capilar, juntamente com sistemas de deteção adequados[90] . Pouco antes de um par de anos, foram introduzidos instrumentos de sequenciação da próxima geração baseados em novas estratégias de sequenciação, mais económicos e capazes de superar a primeira geração de sequenciação Sanger por um fator de 100 a 1000 numa base diária[91] .

2.2.1 SEQUENCIAÇÃO DE PRIMEIRA GERAÇÃO

Em 1975, Sanger e Coulson descreveram o método de terminação de cadeia, enquanto em 1976 Maxam e Gilbert desenvolveram o método de degradação química; ambos os métodos são considerados como a primeira geração da tecnologia de sequenciação. Em 2001, com base no método aperfeiçoado de Sanger, o genoma humano completo foi sequenciado pela primeira vez. O método de Sanger implica a utilização de ddNTP, que não possui grupos hidroxilo 2' e 3' e, por conseguinte, não pode formar ligações fosfodiéster, com a concomitante interrupção da síntese de ADN. As sequências de ADN das amostras podem ser determinadas adicionando uma certa proporção dos quatro tipos de ddNTP marcados com isótopos radioactivos em quatro sistemas de reação de síntese de ADN separados, seguidos de eletroforese em gel e autorradiografia (figura 2.1)

2.2.1.1 ANALISADOR GENÉTICO APPLIED BIOSYSTEMS® 3500

O analisador genético AB 3500 tende a separar os fragmentos de ADN com base na sua relação massa/carga, sob a influência de um campo elétrico, através de eletroforese capilar. Todos os fragmentos de ADN têm ligados a si ddNTPs terminais marcados com fluorescência, que são excitados e detectados por um feixe de luz estreito (Figura 2.2). A excitação de diferentes corantes dá origem a comprimentos de onda de emissão diferentes, mas específicos, que são detectados pelo detetor CCD. Os dados resultantes são registados num ficheiro de dados informatizado. Utilizando programas informáticos especializados, os dados da sequência podem ser analisados.

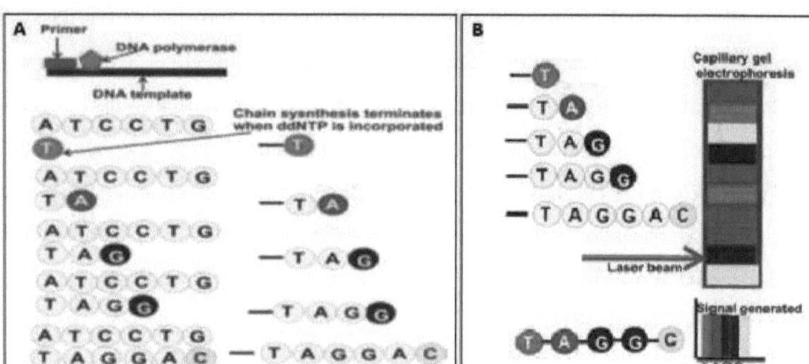

Figura 2.1: Diagrama que mostra o princípio da sequenciação de ADN de Sanger: Os quatro tipos de ddNTPs marcados de

forma diferente são utilizados para terminar a síntese de ADN. (b)Descrição da eletroforese em gel capilar dos produtos de PCR adquiridos . [92]

2.2.2 SEQUENCIAÇÃO DE SEGUNDA GERAÇÃO

O custo e o período de tempo foram os principais estrangulamentos da primeira geração de sequenciação. Para fazer face a estas limitações, foi introduzida em 2005 a sequenciação de segunda geração, que é um processo de sequenciação comparativamente mais rápido e menos dispendioso, que gera muitos milhões de leituras curtas em paralelo através de uma abordagem de deteção direta . [93, 94]

2.2.2.1 PIROSEQUENCIAÇÃO ROCHE 454

O sequenciador Roche 454 GS20 utiliza a técnica de pirosequenciação que envolve a sequenciação por síntese, em que a adição de cada nucleótido é detectada através do pirofosfato libertado. Inicialmente, o ADN é cortado em fragmentos de 300-800 pb e as extremidades de cada fragmento de ADN são limpas, eliminando quaisquer bases não emparelhadas. Em cada extremidade são adicionados adaptadores específicos contendo biotina. A biotina tem uma elevada afinidade para se ligar à molécula de estreptavidina, que é utilizada para revestir a pérola. Adiciona-se óleo às esferas para criar uma emulsão, seguida de PCR. Após a remoção do óleo, as esferas são adicionadas a cada poço de uma placa de picotiter juntamente com todas as enzimas de pirosequenciação necessárias, seguidas de lavagens repetidas. A ligação do dNTP adicionado à extremidade 3' do fragmento de ADN resulta na libertação de PPi, que se combina com o 5'-fosfosulfato de adenosina por ação da ATP sulfurylase para formar ATP. A luciferase utiliza então a luciferina e o ATP como substratos para produzir oxiluciferina, juntamente com a libertação de luz visível. A quantidade de luz libertada está em relação direta com o número de nucleótidos adicionados à cadeia de ADN em crescimento (Figura 2.3). A reação é geralmente terminada pela adição da enzima apirase, que desnatura todos os dNTPs livres remanescentes no poço. Os quatro dNTPs são adicionados um de cada vez, com a degradação da apirase e a lavagem intermédia. A máquina de pirosequenciação efectua várias rondas de síntese de ADN utilizando a adição sequencial dos quatro tipos de dNTPs até obter a sequência completa do fragmento de ADN em causa. Existe uma câmara com dispositivo de acoplamento de carga (CCD) para detetar a luz libertada [95, 96].

2.2.2.2 SEQUENCIAÇÃO POR ION TORRENT

A tecnologia de sequenciação Ion Torrent é semelhante ao método de pirosequenciação em todos os aspectos, exceto no que se refere à utilização de nucleótidos marcados com fluorescência, uma vez que depende da deteção de iões de hidrogénio que são libertados durante o processo de sequenciação[97] . Especificamente, o Ion Torrent utiliza micropoços com chips em que cada poço contém um grânulo com muitos fragmentos idênticos. A incorporação de um nucleótido específico é detectada pela libertação de um ião de hidrogénio que resulta numa alteração do pH. O pH alterado é detectado por um sensor e convertido num sinal de tensão que é proporcional ao número de nucleótidos adicionados (Figura 2.4).

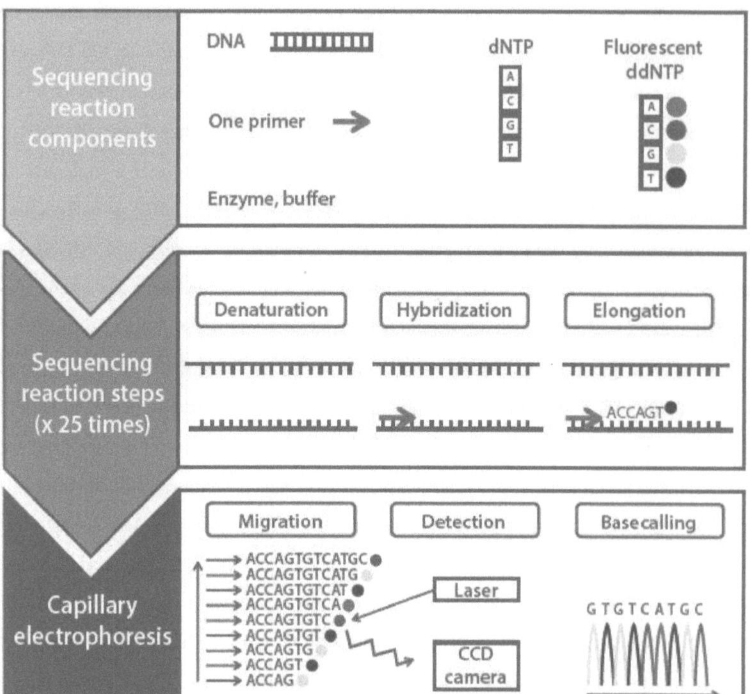

Figura 2.2: Fluxo de trabalho que mostra o princípio da técnica de sequenciação de Sanger Applied Biosystems® 3500 Genetic Analyzer [98]

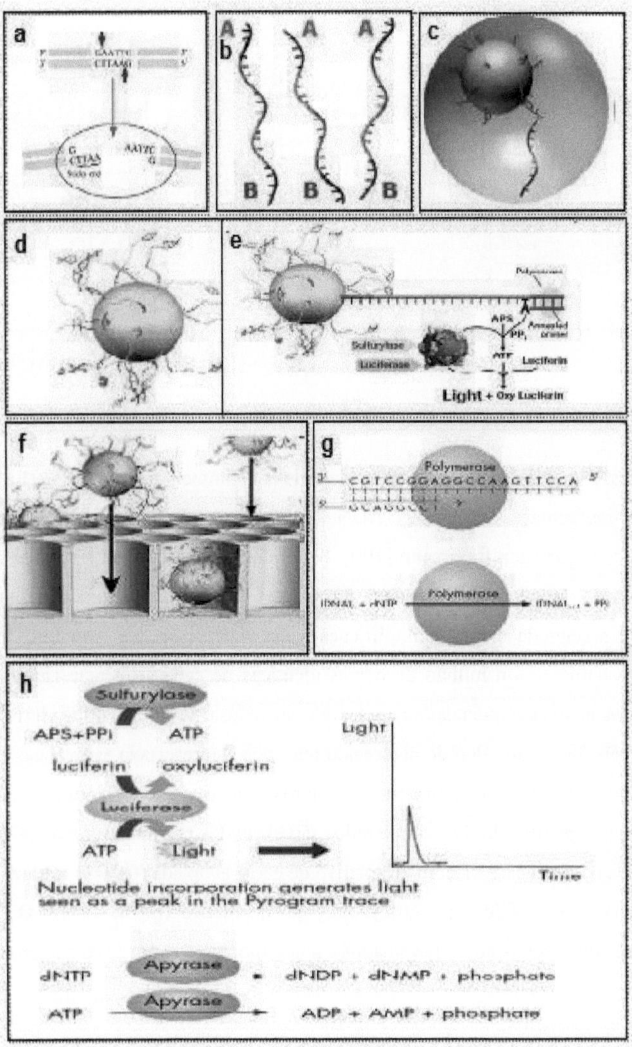

Figura 2.3: Tecnologia de sequenciação Roche/454 .[99]

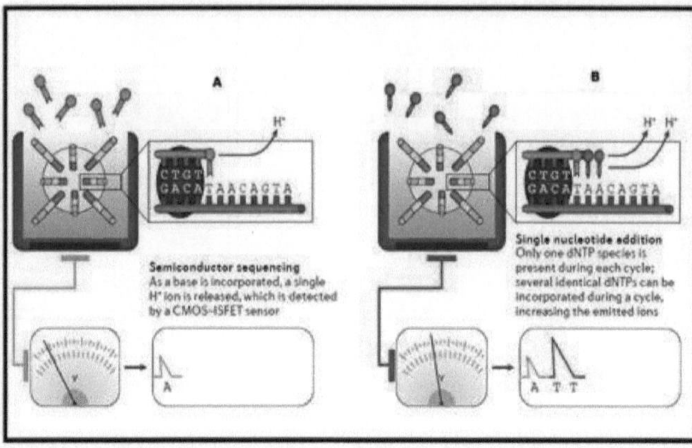

Figura 2.4: Tecnologia de sequenciação Ion torrent .[93]

2.2.2.3 SEQUENCIAÇÃO ILLUMINA/SOLEXA

O processo de sequenciação do Illumina/Solexa Genome Analyzer (GA) (Figura 2.5) inclui a fragmentação aleatória do ADN seguida da ligação de adaptadores a ambas as extremidades de cada fragmento [100]. Estes adaptadores tendem a ligar-se aos seus adaptadores complementares que estão presos numa placa sólida (Figura 2.5A). Durante a segunda etapa, a amplificação por PCR em ponte gera um cluster ou aproximadamente um milhão de cópias idênticas de cada sequência (Figura 2.5B). Para determinar as sequências de nucleótidos em causa, a Illumina utiliza terminadores reversíveis[38] . Cada tipo de nucleótido tem uma fluorescência específica. Todos os nucleótidos têm em comum um grupo 3'-hidroxilo inativo para garantir a incorporação de um único nucleótido. Os aglomerados são excitados por um laser e a luz emitida é detectada por uma câmara com dispositivo de carga acoplada (CCD) e traduzida numa sequência de nucleótidos por um programa informático (Figura 2.5C). O processo continua com a remoção do terminador e a incorporação de um novo nucleótido [93, . 101]

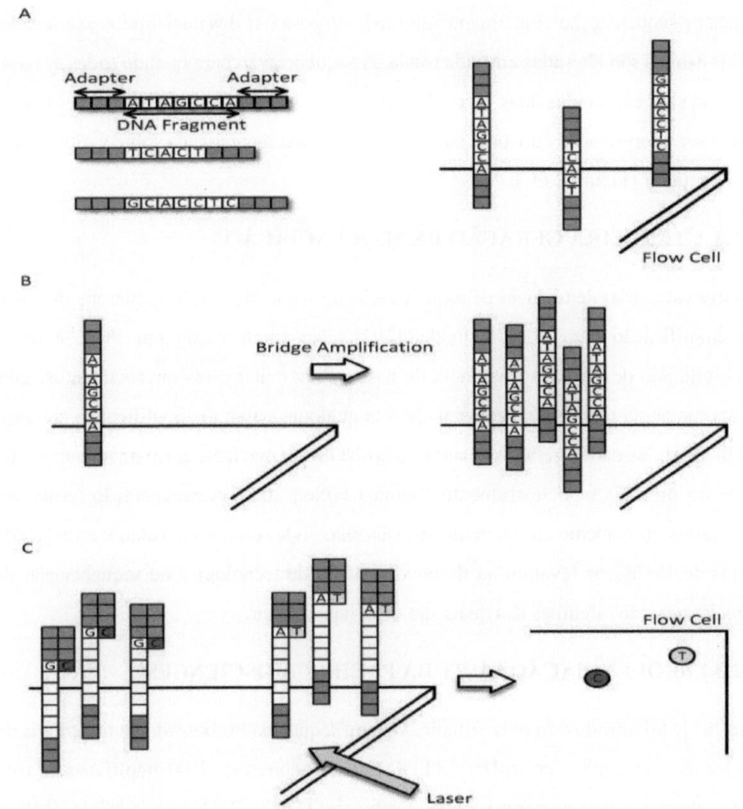

Figura 2.5: Tecnologia de sequenciação Illumina .[99]

2.2.2.4 SEQUENCIAÇÃO ABI/SÓLIDA

Na plataforma ABI/SOLiD, os fragmentos ligados ao adaptador são amplificados utilizando PCR em emulsão. A DNA ligase é utilizada nesta estratégia para reconhecer os nucleótidos adicionados nas cadeias de polinucleótidos em crescimento. O processo consiste em vários passos de sequenciação, ou seja, recozimento de primes, ligação sequencial de fragmentos de ADN de 8 mers marcados com fluorescência e registo da cor emitida pelo marcador (Figura 2.6A). O resultado baseia-se em quatro cores que indicam dezasseis combinações possíveis de di-bases. Após um número definido de passos de ligação, a cadeia de ADN complementar é clivada e é efectuada uma nova ronda de sequenciação com um iniciador n-1. As posições dos nucleótidos examinadas pelos 8-mers são alteradas em cada ronda. A sequenciação pára quando todas as bases tiverem sido exploradas duas vezes (Figura 2.6B). Os dados do espaço de cores podem então ser interpretados com base na informação acima mencionada sobre a última base do adaptador (Figura 2.6C).

2.2.3 A TERCEIRA GERAÇÃO DE SEQUENCIAÇÃO

As três categorias de técnicas de sequenciação de segunda geração requerem um passo de amplificação para o ADN modelo[102] . Na amplificação por PCR, existe a possibilidade de erros na sequência de bases. Para evitar estes enviesamentos, uma única molécula tem de ser sequenciada sem qualquer passo de amplificação anterior. Além disso, os dados gerados pelas técnicas NGS são maciços, aproximadamente 300 G bases ou mais pelo instrumento Illumina HiSeq 2000. A recuperação tardia dos resultados, juntamente com a perda de sincronia, pode resultar em ruído e erros[103] . Estas desvantagens levaram ao desenvolvimento de tecnologias de sequenciação de terceira geração, algumas das quais são descritas a seguir.

2.2.3.1 SEQUENCIAÇÃO SMRT DA PACIFIC BIOSCIENCES

Em 2011, foi introduzido pela primeira vez um sequenciador baseado na tecnologia de molécula única em tempo real (SMRT). O sistema não requer[104] amplificação,[105] antes observa a reação enzimática em tempo real (Figura 2.7A). Cada célula ZMW é suficientemente pequena para incorporar uma única molécula de um molde de ADN de cadeia simples e uma molécula de ADN polimerase. Os nucleótidos ligados a quatro corantes fluorescentes diferentes são então adicionados para serem polimerizados pela polimerase do ADN através da química catalítica típica. Devido à incorporação dos nucleótidos, é produzida luz e o vídeo é registado (Figura 2.7B).

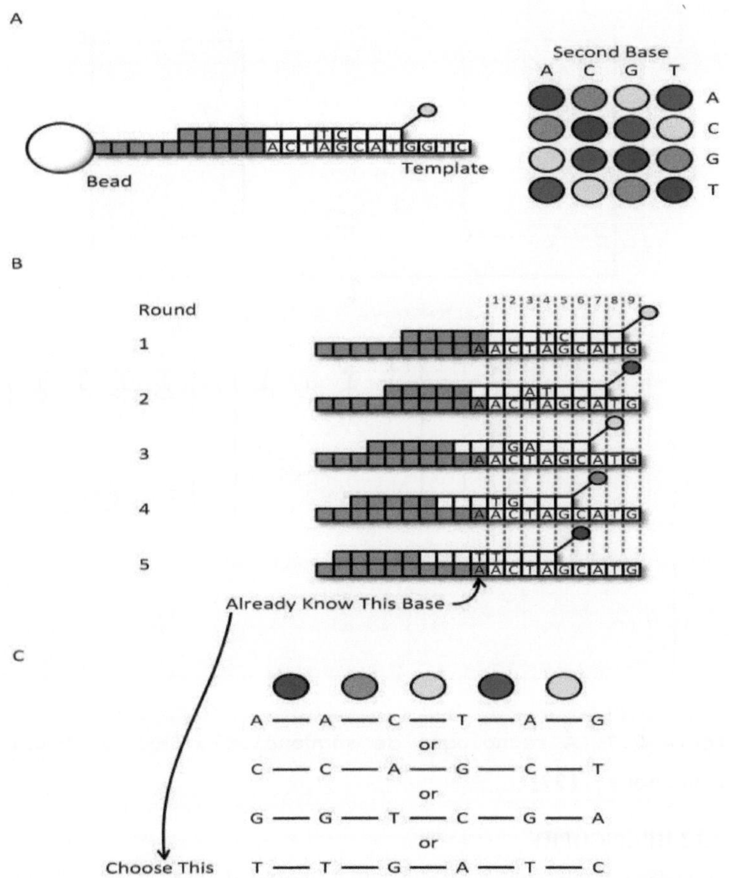

Figura 2.6: Tecnologia de sequenciação ABI/SOLID .[99]

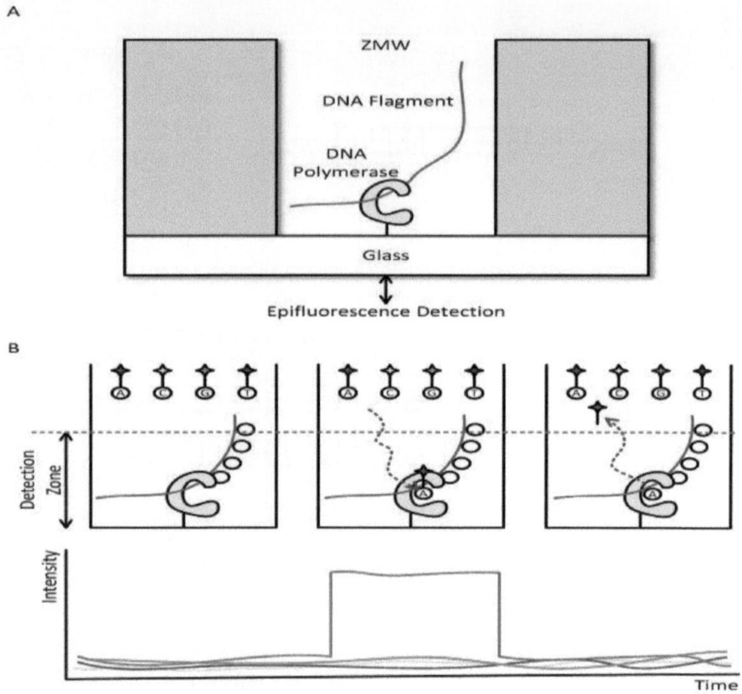

Figura 2.7: A tecnologia de sequenciação SMRT da Pacific Bioscience . [99]

2.2.3.2 HELISCÓPIO

A tecnologia HeliScope Single Molecule Sequencer (Helicos, Cambridge, EUA) efectua a sequenciação em tempo real através de um sistema de deteção de fluorescência altamente sensível. Para produzir uma coleção de modelos de sequenciação de molécula única com priming, as moléculas da biblioteca com cauda poli-A são primeiro ligadas a oligómeros poli-T ligados à superfície. Durante cada ciclo de sequenciação, ocorre a incorporação de um único tipo de nucleótidos marcados com fluorescência, conduzida pela polimerase, seguida da aquisição de dados por imagens de fluorescência. O ciclo de sequenciação seguinte é iniciado após a clivagem química da etiqueta fluorescente (Figura 2.8) .[106]

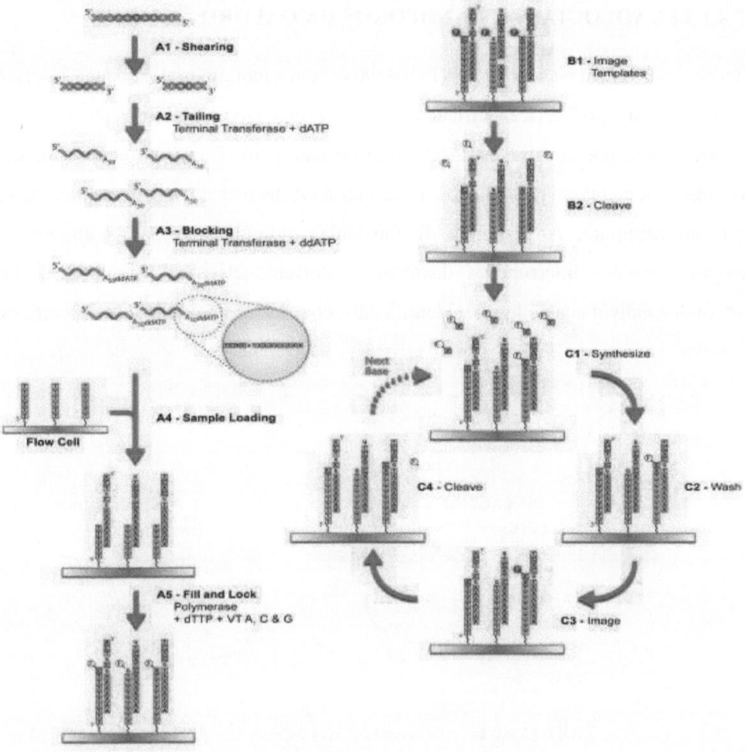

Figura 2.8: A tecnologia de sequenciação HeliScope . [107]

2.2.4 A QUARTA GERAÇÃO DE SEQUENCIAÇÃO

O método de sequenciação de quarta geração baseia-se na química NGS de segunda geração para ler a sequência de ADN diretamente em células e tecidos fixados. A plataforma 4G é basicamente uma combinação da sequenciação de molécula única (3G) com a integração da tecnologia de nanoporos. As técnicas de nanoporos funcionam sem passar pela etapa de amplificação, evitando ciclos repetidos e a síntese . [108]

2.2.4.1 TECNOLOGIAS DE NANOPOROS DA OXFORD

A tecnologia Oxford Nanopore (ONT) baseia-se num nanoporo proteico que é inserido numa membrana polimérica eletricamente resistente, ligada a uma corrente eléctrica. A corrente flui apenas através da abertura do nanoporo. Para a sequenciação, são adicionados à membrana complexos de cadeias de ADN e enzimas processivas que se ligam ao nanoporo. A passagem de moléculas individuais de ADN através do nanoporo provoca interrupções distintas na corrente eléctrica [Figura 2.9]. Os nucleótidos individuais podem ser identificados com base em interrupções específicas.

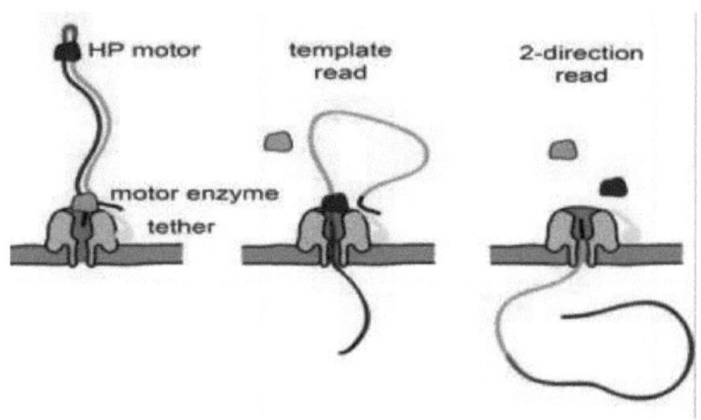

Figura 2.9: Estratégia de sequenciação da Oxford Nanopore. [108]

2.2.5 APLICAÇÕES DE SEQUENCIAÇÃO DE NOVA GERAÇÃO

Nos últimos anos, a tecnologia NGS de alto rendimento revolucionou os estudos genéticos e genómicos, proporcionando a oportunidade de interrogar diferentes propriedades dos processos celulares em grande escala. Abrange o tratamento da enorme quantidade de dados de sequenciação, a re-sequenciação do genoma, a montagem de novo de todo o genoma e do transcriptoma, o perfil do transcriptoma, a interação ADN-proteína, a caraterização epigenética, o alinhamento de leituras de sequências com uma referência, a identificação de quadros de leitura abertos e a anotação (Figura 2.10).

2.3 GENÓMICA

Genómica é um termo mais recente que se centra no genoma completo (o genoma é o conjunto completo de ADN de um organismo, incluindo todos os seus genes). A genómica divide-se em duas partes básicas: a genómica estrutural, que caracteriza a natureza física dos genomas completos; e a genómica funcional, que caracteriza o transcriptoma e o proteoma. Na sequenciação do genoma completo, as leituras de sequências são alinhadas com um genoma de referência conhecido ou montadas *de novo,* dependendo da disponibilidade de um genoma de referência adequado, bem como de considerações de custo e tempo. A montagem de *novo* de leituras NGS curtas para formar um conjunto de sequências contíguas, denominadas contigs, é uma tarefa difícil. As leituras emparelhadas, geradas por sequenciação de ambas as extremidades com espaçamento conhecido (tamanho da inserção) e informações de orientação[109] , melhoram a eficiência da montagem *de novo*. Muitos programas de montagem de genomas inteiros que dependem de informações de pares de sequências baseiam-se em gráficos de Bruijn .[110]

2.3.1 SEQUÊNCIA DO GENOMA DE *N. FOWLERI*:

A disponibilidade da sequência do genoma *da N. fowleri* é necessária para compreender os mecanismos patogénicos subjacentes à ameba, a fim de desenvolver tratamentos e vacinas mais eficazes, bem como ferramentas de diagnóstico mais rápidas. Em 2010, foi publicada a sequência do genoma da Naegleria gruberi, uma espécie não patogénica. O primeiro projeto de sequência do genoma da estirpe *N. fowleri* ATCC 30863 foi publicado em 2014. O genoma de uma espécie termotolerante mas não patogénica, *Naegleria lovaniensis*, foi publicado em 2018[111] (quadro 2.2). Faltam trabalhos de proteómica comparativa sobre *N. fowleri* altamente e fracamente patogénica, uma vez que permitiriam compreender a base da patogenicidade[112] . Apesar de todos os estudos, não existe uma análise de todo o genoma sobre a diversidade e a patogénese *da N. fowleri.* O conjunto do genoma *de N. fowleri* disponível carece de anotação de genes e está altamente fragmentado, ou seja, consiste em cerca de 1 000 contigs[112] . São necessárias mais experiências moleculares e computacionais para delinear os mecanismos patogénicos *da N. fowleri*. Nos últimos anos, observaram-se melhorias significativas nas tecnologias de sequenciação. A química da sequenciação e os algoritmos de chamada de bases do método de sequenciação Illumina foram melhorados, o que resultou numa qualidade de leitura eficiente, numa melhor montagem do genoma e numa precisão de consenso de cerca de 99,99% . [113]

Durante os presentes estudos, isolámos e identificámos *N. fowleri* do LCR do doente e da amostra de água da torneira da sua residência. O ADN *de N. fowleri* extraído foi utilizado para a sequenciação do genoma mitocondrial, bem como para o estudo de genotipagem molecular. A presença de *N. fowleri* na água da torneira das habitações foi alarmante, pelo que decidimos analisar a qualidade das amostras de água da torneira de diferentes cidades de Carachi. Também realizámos estudos bioinformáticos estruturais de importantes factores patogénicos *da N. fowleri*.

Tabela 2.1: Comparação dos genomas de Naegleria disponíveis.

	N. fowleri ATCC 30894	*N. fowleri ATCC 30863*	*N. lovaniensis*	*N. gruberi*
GeneBank accession	VFQX0000000	AWXF0000000	PYSW0000000	ACER0000000
Genome Size (Mb)	29.5	27.7	30.2	40.9
GC content (%)	36.9	37	37	35
Repeat content (%)	6	2.5	3.5	5.1
Number of contigs (Scaffolds)	90	1729 (574)	111	1977 (784)
N50 (bp)	717,491	38,128	658,530	159,679
L50	18	212	21	68
Number of predicted genes	13,925	17,252 (based on RNAseq data)	15,195	16,620

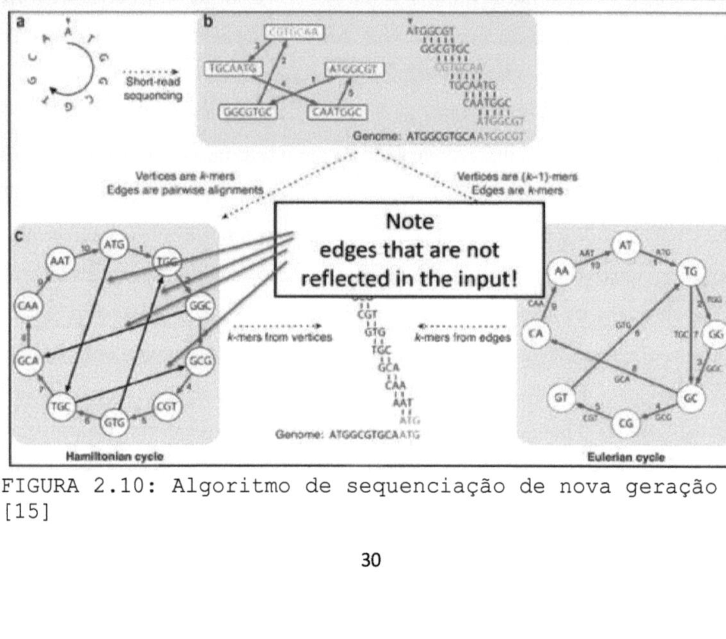

FIGURA 2.10: Algoritmo de sequenciação de nova geração . [15]

As estratégias para melhorar a qualidade de uma montagem incluem o aumento da cobertura de leitura[114] e a aplicação de diferentes plataformas de sequenciação para a geração de leituras[115] . Ao utilizar diferentes plataformas de NGS, a probabilidade de erro resultante das desvantagens de cada método de sequenciação pode ser minimizada (para conhecer os prós e os contras dos diferentes métodos de NGS, consultar a revisão de Metzker .[102]

CAPÍTULO 3

METODOLOGIA DE INVESTIGAÇÃO

3.1 IDENTIFICAÇÃO, GENOTIPAGEM E SEQUENCIAÇÃO DO GENOMA MITOCONDRIAL DE *N.*

3.1.1 PERÍODO DE ESTUDO

Tendo em conta a menor prevalência de PAM entre as meningoencefalites, foram recolhidas amostras de LCR de 74 doentes diferentes com meningoencefalite (40 homens e 34 mulheres) em Carachi, entre junho de 2017 e julho de 2019, para aumentar a probabilidade de detetar a infeção por *N. fowleri*.

3.1.2 CRITÉRIOS DE INCLUSÃO

Os pacientes com suspeita de PAM que preenchiam os seguintes critérios de inclusão foram incluídos neste estudo:

1. Idade entre 02 e 71 anos com pelo menos três ou mais manifestações clínicas, incluindo febre, cefaleias graves, alterações do estado mental, perturbações da consciência, rigidez do pescoço, náuseas, vómitos e sensibilidade à luz.
2. Amostra de LCR turva e ligeiramente turva devido à presença de leucócitos, micróbios e elevado nível de proteínas. .[116]
3. Espécimes de LCR com uma CPT $>50/mm^3$ em combinação com proteína do LCR >50 mg/dL.
4. Amostras de LCR que mostram o nível de glucose < 40 mg/dL

3.1.3 CRITÉRIOS DE EXCLUSÃO

As amostras de LCR que apresentavam as seguintes caraterísticas não foram incluídas neste estudo.

1. Amostras cristalinas de LCR
2. Excluímos as amostras de LCR dos doentes suspeitos que tinham tomado antibióticos orais ou parenterais nas 72 horas anteriores à punção lombar.
3. Amostras de LCR de pacientes com história recente de operação neurocirúrgica

3.1.4 ORIENTAÇÕES ÉTICAS

O presente estudo foi efectuado no KDCM, no IBGE e no ICCBS. O comité de ética do Karachi Diagnostic Centre and Molecular Biology Laboratory (KDCM) analisou e aprovou a colheita de amostras de LCR através do número de referência (EC ref No: REC-NF01), ver Apêndice anexo I.

3.1.5 RECOLHA E ANÁLISE DE AMOSTRAS DE CSF

O total de 579 amostras de LCR recolhidas foi processado para análise de glucose, proteínas e citologia. Apenas 74 (17,8%) das 579 amostras satisfaziam os critérios de inclusão. Essas 74 amostras de LCR foram posteriormente processadas para exame microscópico direto, cultura monoxénica em NNA-E.*coli* (cultura em ágar não nutritivo com uma sobreposição de *Escherichia coli*) e diagnóstico baseado na PCR. Todas as manipulações do organismo e a extração de material efectuadas no CDC foram realizadas em instalações de nível 2 de biossegurança, tal como especificado nas diretrizes de biossegurança do CDC para a manipulação de Naegleria fowleri e extractos derivados do organismo.

3.1.5.1 ANÁLISE BIOQUÍMICA DE AMOSTRAS DE CSF

As amostras de LCR foram processadas no prazo de 1-2 horas após a recolha da amostra. Uma porção de cada amostra de LCR foi centrifugada a 2000 x g durante 15 minutos a 37℃[117-119] . O teor de glicose e de proteínas totais foi medido no sobrenadante do LCR.

3.1.5.1.1 ESTIMATIVA DA GLUCOSE EM AMOSTRAS DE SORO FISIOLÓGICO

A estimativa da glucose no LCR foi efectuada através de um método colorimétrico enzimático. A enzima glucose oxidase (GOD) catalisa a oxidação da glucose em ácido glucónico. O peróxido de hidrogénio (H_2O_2) é detectado pela oxidação da fenol-amino-fenazona e convertido em quinona (composto de cor rosa) na presença da enzima peroxidase (POD) [118]. A intensidade da cor rosa é diretamente proporcional à concentração de glucose no LCR.

Para o efeito, foram adquiridos à EGY- CHEM kits de estimativa da glucose (BioMed-Glucose L.S) (Quadro 2.1). Foram colocados 1000 µL de reagente de glucose (R2) em quatro tubos de ensaio. Foram recolhidos com uma micropipeta 10 µL de água destilada no tubo de ensaio (branco). 10 μL de amostra de LCR no tubo de ensaio (amostra) foram recolhidos com uma micropipeta. 10 μL de solução padrão (R1) foram colocados num tubo rotulado como padrão. Misturaram-se bem e incubaram-se a 37°C durante 10 minutos. O reagente (branco) foi aspirado pelo analisador bioquímico (Chem Reader Smart-N SE 250) e a leitura foi ajustada para zero. A absorvância da amostra de ensaio e dos padrões foi medida em 30 minutos utilizando filtros de 546 nm.

Tabela 3.1: Composição dos reagentes do kit de estimativa da glucose (BioMed-Glucose L.S).

R1	Glicose	100 mg/dL (5,56mmol/L)
R2	Tampão de fosfato	100 mmol/L
	Glucose oxidase	10^4 U/L
	Peroxidase	2000 U/L
	4-AAP	1,0 mmol/L
	Fenol	10,0 mmol/L

3.1.5.1.1.1 CÁLCULO

$$\text{mmol/L} = \frac{\text{DO da amostra para ensaio}}{\text{OD do padrão}} \times \text{concentração padrão}$$

(mmol/L x 18 = mg/dl)

3.1.5.1.2 ESTIMATIVA DE PROTEÍNAS EM AMOSTRAS DE CSF

A concentração total de proteínas da amostra de LCR foi determinada utilizando um kit fotométrico comercial (Total protein FS* DiaSys Germany) (quadro 3.2) baseado no teste de biureto. As proteínas formam um complexo de cor violeta com iões de cobre em solução alcalina. A intensidade da cor é diretamente proporcional à concentração de proteínas.

20 μL de água destilada no tubo de ensaio "Branco"; 20 μL de LCR no tubo de ensaio "Amostra" e 20 μL de padrão foram colocados no tubo de ensaio "Padrão". 1000 μL de reagente (R1) foram colocados nos três tubos de ensaio. Foram bem misturados,

seguidos de uma incubação de 5 minutos a 37°C. De seguida, adicionaram-se 250 µL de reagente (R2) aos três tubos de ensaio, misturando-os e incubando-os durante 5 minutos a 37°C. Utilizando o branco, a leitura do analisador bioquímico (Chem Reader Smart-N SE 250) foi colocada a zero utilizando filtros de 540 nm. A absorvância do teste e do padrão foi medida após 45 minutos.

Quadro 3.2: Composição dos reagentes de um kit fotométrico comercial (Proteína total FS* DiaSys Germany)

Reagente	Componentes	Concentrações
R1	Hidróxido de sódio	100 mmol/L
	Tartarato de sódio e potássio	17 mmol/L
R2	Hidróxido de sódio	500 mmol/L
	Tartarato de sódio e potássio	80 mmol/L
		75 mmol/L
	Iodeto de potássio	30 mmol/L
	Sulfato de cobre	
Padrão	Contém albumina de soro bovino	5 g/dL

3.1.5.1.2.1 CÁLCULO

$$\text{Proteína total (g/L)} = \frac{\text{DO da amostra para ensaio}}{\text{OD do padrão}} \times \text{concentração padrão}$$

3.1.5.2 CONTAGEM DE LEUCÓCITOS DAS AMOSTRAS DE SORO FISIOLÓGICO

A contagem total de leucócitos no LCR (CPL) foi efectuada pelo analisador Sysmex KX-21, que utiliza duas tecnologias básicas: a deteção de fluxo de bainha DC, que mede as variações da resistência eléctrica aquando da passagem das células sanguíneas pela abertura de deteção, e a citometria de fluxo, que mede as propriedades celulares à medida que estas passam por um conjunto fixo de detectores. O pacote de células Sysmex está pronto a ser utilizado para a análise de impedância e fotoeléctrica do sangue total. Os seus ingredientes são: cloreto de sódio, ácido bórico, tetraborato de sódio. O estromatolizador EDTA-2K WH é um reagente de lise pronto a usar para analisar os leucócitos através da lise das hemácias e deixando os leucócitos livres e fáceis de contar; amostra de sangue total por medição de resistência 50 e medição fotométrica, e os seus ingredientes são: tensioativo não iónico, sal de amónio quaternário orgânico. Cell Clean é um detergente alcalino forte que elimina os restos de reagentes de lise, resíduos celulares e proteínas do sangue.

As amostras de LCR foram verificadas quanto à presença de qualquer coágulo e foi aspirada pelo analisador uma alíquota de cerca de 50 µl de uma amostra de LCR bem misturada. Antes de realizar o teste, foram seguidos todos os procedimentos de controlo de qualidade especificados no Guia do Operador do SysmexKx21.

3.1.5.3. CITOLOGIA DIFERENCIAL DE AMOSTRAS DE CSF

A contagem diferencial foi efectuada manualmente através da coloração de Geimsa. As amostras de LCR foram concentradas por citospin. Foram inseridas lâminas de vidro num suporte de lâminas metálico, um filtro de citospina e uma cuvete. Foram introduzidos 200 µl de LCR na cuvete, seguidos de centrifugação a 800 rpm durante 5 minutos. Posteriormente, as lâminas foram retiradas, fixadas em metanol a 100% durante 2 minutos e secas ao ar. Em seguida, as lâminas foram submersas em corante de Giemsa diluído (1:20 em ddH_2O) durante 20 minutos, lavadas em água da torneira, secas ao ar e analisadas [78].

3.1.5.4 MÉTODO DE CULTURA MONOXÉNICA

Inoculámos todas as amostras de LCR suspeitas de PAM em placas de ágar sem nutrientes com *E. coli* em camadas, segundo o método de cultura monoxénica [120-122].

3.1.5.4.1 PLACAS DE ÁGAR SEM NUTRIENTES (NNA)

O NNA foi preparado com 20 gramas de ágar (OXOID Ltd., Basingtoke, Hampshire, Inglaterra) e 1 litro de ameba Page Saline. Amoeba Page Saline consiste em 2,5 mM de NaCl, 1 mM de KH_2PO_4, 0,5 mM de Na_2HPO_4, 40 µm de $CaCl_2$-$6H_2O$ e 20 µm de $MgSO_2$. $7H_2O$. O pH desta solução foi ajustado para cerca de 6,9 com KOH antes da autoclavagem a 121°C/15min. Após a autoclavagem, transferir para um banho-maria a 55 °C. Após arrefecimento a 55°C, verter 25 ml de meio em cada placa de Petri estéril de 90 mm e deixar o meio solidificar completamente. Preparar uma suspensão pesada (padrão de turbidez 4,0 McFarland) de *E. coli* (ATCC 25922) num tubo de solução salina estéril para amebas de Page. Pipetar 100 µL da suspensão bacteriana para a superfície da placa e espalhar utilizando uma espátula em forma de L.

3.1.5.4.2 PREPARAÇÃO DA AMOSTRA E INOCULAÇÃO EM PLACAS DE NNA

As amostras de LCR foram centrifugadas durante 10 minutos a 250 x *g* e o sobrenadante foi removido sem perturbar os sedimentos. Os sedimentos foram cuidadosamente ressuspensos no sobrenadante residual. Pipetar assepticamente 2-3 gotas de material ressuspenso para o meio das placas de ágar não nutritivo (NNA) colocadas em camadas de suspensão salina de ameba PAGE com Escherichia coli ATCC número 25922. As placas de cultura NNA foram envolvidas com parafilme e incubadas a 42 °C durante um máximo de 10 dias[120, 121] . A temperatura preferencialmente utilizada para o isolamento de *Naegleria fowleri* é de 44 °C, porque a esta temperatura só a ameba termofílica N. fowleri consegue sobreviver[122] . Os exames diários das placas de NNA foram efectuados durante 10 dias, utilizando um microscópio ótico de 10x

3.1.5.4.3 MICROSCOPIA DIRECTA DE MONTAGEM HÚMIDA

As amostras de LCR foram preparadas como mencionado acima e seguidas de 30 minutos de incubação a 37° C. Em seguida, foi efectuado um exame microscópico direto em microscópio composto com uma objetiva de 40x, deitando 100 µl de sedimento ressuspenso numa lâmina de vidro e cobrindo com uma lamela de 22 x 22 mm.

3.1.5.5 EXTRACÇÃO DE ADN GENÓMICO DE *N. FOWLERI* A PARTIR DE LCR E DE PLACAS DE CULTURA DE NNA POSITIVAS.

As amostras de LCR foram centrifugadas em 1.5 a 10 000×g durante 10 minutos e os sedimentos foram submetidos a extração de ADN utilizando o QIAamp DNA Mini Kit (Qiagen Inc., EUA). Do mesmo modo, o único trofozoíto positivo cultivado com NNA foi lavado uma vez com 3 ml de tampão ATL (QIAamp DNA Mini Kit) na superfície de NNA-ágar para homogeneização num agitador de placas (New Brunswick Scientific Exella E24 Incubator shaker series) (60 rpm, 15 min). A suspensão foi vertida para um tubo canónico de 15 ml e centrifugada a 10000 x g durante 10 minutos, sendo o sobrenadante removido. O sedimento segue para extração de ADN através do QIAamp DNA Mini Kit (Qiagen Inc., EUA). O QIAamp DNA Mini Kit proporciona um método rápido e fácil para a extração de ADN genómico do LCR e da placa de NNA de cultura positiva. O método QIAamp DNA Mini Kit assegura a lise celular e a ligação óptima do ADN à membrana da coluna QIAamp à base de sílica. As condições de sal e pH não permitirão que as proteínas e outros contaminantes fiquem retidos na membrana para interromper a PCR. A lavagem do ADN ligado é efectuada para a eliminação completa de quaisquer contaminantes residuais sem afetar a ligação do ADN. O ADN purificado é eluído da coluna de centrifugação QIAamp utilizando uma solução de eluição tamponada.

Os sedimentos do LCR e da cultura positiva foram ressuspensos em 200 µl de tampão ATL e misturados por vórtex (DRAGON LAB MXS) durante 15 segundos e centrifugação por impulsos para remover gotas do interior da tampa da microcentrifugadora de 1,5 ml. Os sedimentos ressuspensos foram incubados com 20 µl de QIAGEN Proteinase K (600 mAU/ml) durante 1 hora a 56 °C após agitação em vórtex e centrifugação por impulso. Foram adicionados 4 µl de RNase A (100 mg/ml), misturados por agitação em vórtex durante 15 segundos e incubados durante 2 minutos à temperatura ambiente (25-30 °C). Foram adicionados 200 µl de tampão AL, misturados por vórtex durante 15 segundos e incubados a 70°C durante 10 min. Centrifugar brevemente o tubo para remover as gotas do interior da tampa. Foram adicionados 200 µl de etanol absoluto a 100%, misturados por agitação em vórtice durante 15 segundos e centrifugados por breves instantes.

A mistura foi aplicada à coluna spin QIAamp Mini (num tubo de recolha de 2 ml) e centrifugada a 6000 x g durante 1 min. O tubo contendo o filtrado foi descartado. Posteriormente, foram adicionados 500 µl de Buffer AW1 à coluna de centrifugação QIAamp Mini, seguido de centrifugação a 6000 x g durante 1 min. O tubo de recolha contendo o filtrado foi descartado. Em seguida, na mesma coluna de centrifugação QIAamp Mini, foram adicionados 500 µl de tampão AW2, seguido de centrifugação a 20 000 x g durante 3 min. A coluna de centrifugação QIAamp Mini foi colocada num novo tubo de recolha de 2 ml, seguido de centrifugação a 20 000 x g durante 1 min. Em seguida, a coluna de centrifugação QIAamp Mini foi mantida num tubo de microcentrifugação limpo de 1,5 ml e foi-lhe adicionado 80 µl de AE Buffer, seguido de equilíbrio à temperatura ambiente durante 1 min e centrifugado a 6000 x g durante 1 minuto. O ADN genómico foi armazenado a -20 °C.

3.1.6 EXTRACÇÃO DE ADN DA ÁGUA DA TORNEIRA DA RESIDÊNCIA DO DOENTE

A amostra de água da torneira (1000 ml) foi recolhida num frasco esterilizado da residência do doente e processada no prazo de 12 horas. A amostra de água foi filtrada através de uma membrana de nitrocelulose (MS®MCE Gridded Membrane Filter) com um tamanho de poro de 0,45 µm para capturar *Naegleria fowleri*. A membrana de nitrocelulose foi retirada assepticamente do aparelho de filtragem, cortada em pequenos pedaços e colocada num tubo de falcão estéril de 50 ml. O tampão de lavagem foi preparado adicionando 10 µl de Tween 20 a 5 ml de tampão AE (QIAamp DNA Mini Kit) e imediatamente transferido para o tubo falcon contendo a membrana, seguido de vórtex durante 3 minutos. O resto do protocolo foi idêntico ao recomendado no QIAamp DNA Mini Kit (Qiagen Inc., EUA). O ADN genómico foi armazenado a -20 °C.

3.1.7 QUALIFICAÇÃO DO ADN EXTRAÍDO

O gel de agarose (0,8%) foi preparado com 1,2 g de agarose e 150 ml de tampão 1x Tris/ácido acético/EDTA (TAE), pH 8,3. A mistura foi completamente derretida no micro-ondas. Deixou-se arrefecer a solução de agarose até 50 °C e, em seguida, adicionou-se 3 µl de brometo de etídio (Bionedical Cat# 190202) (concentração de 0,5 µg/ml) antes de verter o gel na caixa de moldagem com o pente no lugar. Depois de solidificado, o pente foi retirado e o gel foi coberto com tampão de corrida (1x TAE-buffer). Adicionou-se 1 μl de corante de carga 6X (Thermo fisher, cat.# R0611) a 5 μl de cada amostra de ADN. Foram carregados 6 μl de cada amostra numa cavidade designada no gel de agarose. A eletroforese foi efectuada a 100V, 400mA durante 45 minutos. Foi utilizado o Sistema de Documentação em Gel (ENDURO™ GDS) para analisar o gel.

3.1.8 QUANTIFICAÇÃO DO ADN EXTRAÍDO

A concentração de ADN extraído foi determinada utilizando o fluorómetro Qubit 2.0 (Life Technologies), que é um fluorómetro pequeno e portátil fabricado com o objetivo específico de quantificar o ADN. Este fluorómetro foi selecionado porque utiliza uma molécula fluorescente específica que só é detectada quando está ligada ao ADN de cadeia dupla alvo, reduzindo assim a possibilidade de leitura de partículas livres, por exemplo, ARN, proteínas e outros contaminantes que possam ainda estar presentes na amostra.

O kit de ensaio Qubit dsDNA HS (alta sensibilidade) foi utilizado de acordo com o protocolo do fabricante. A solução de trabalho foi preparada diluindo o reagente dsDNA HS em tampão dsDNA HS numa proporção de 1: 200. Adicionaram-se 199 μl de solução de trabalho a 1 μl de amostra extraída de ADN para obter um volume final de 200 μl. No caso dos padrões, foram adicionados 10 μL de cada padrão a 190 μL de solução de trabalho. Todos os tubos foram incubados à temperatura ambiente durante 2 minutos. Em seguida, o instrumento foi calibrado com soluções padrão e a concentração do ADN extraído foi determinada com o fluorómetro Qubit 2.0.

3.1.9 AMPLIFICAÇÕES DOS GENES ESPECÍFICOS DO GÉNERO NAEGLERIA E ESPECÍFICOS DE *N. FOWLERI* POR PCR

A deteção baseada na PCR proporcionou uma alternativa eficaz para a identificação específica de *N. fowleri* que é simultaneamente rápida e sensível para o LCR. A sensibilidade da PCR que a contaminação cruzada que leva a resultados falsos positivos pode ser um problema. Para reduzir este incidente, foram efectuados os seguintes procedimentos numa cabina de nível de segurança biológica 2 (ESCO classe

II BSC). A amplificação por PCR foi realizada para confirmar a ameba móvel, uma vez que a identificação selectiva de *Naegleria* spp. e/ou *N. fowleri* com base na morfologia celular é difícil. A identificação de *N. fowleri* entre outras *Naegleria* spp. com base na morfologia celular é difícil, pelo que foi efectuada uma deteção baseada na PCR. Tal como referido anteriormente[123-126] , os ensaios de amplificação foram realizados num volume total de 25 µl, contendo 9,5 µl de ddH_2O, 0,5 µl de cada iniciador (10 µM), 10 µl de Green Master Mix (Promega, EUA) e 5,0 µl de ADN genómico modelo. Para a deteção de *Naegleria* spp. ou *N. fowleri* no LCR e nas amostras de água, foram utilizados três conjuntos de iniciadores, como se segue:

Nf-ITS1-F GAACCTGCGTAGGGATCATTT
Nf-ITS2-R TTTCTTTTCCTCCCCTTATTA [127]

NaeglF1925-F 3`GTGCTGAAACCTAGCTATTGTAACTCAGT 5`
NaeglR344-R 5`CACTAGAAAAAGCAAACCTGAAAGG 3` [78]

Seguidas de uma desnaturação prolongada, ou seja, 95 ◦C durante 5 min, as reações de amplificação com pares de primers foram realizadas em 40 ciclos de desnaturação a 95 ◦C durante 3 segundos, recozimento a 53 ◦C durante 30 segundos e extensão a 72 ◦C durante 30 segundos. Foi incluída uma extensão final a 72 ◦C durante 5 minutos. O produto amplificado foi visualizado num gel de agarose a 2 % .[123]

3.1.10 ANÁLISE DE SEQUÊNCIAS E GENOTIPAGEM

O produto de PCR purificado do espaçador interno transcrito 1 (ITS1), do gene 5.8S rRNA e da região do espaçador interno transcrito 2 (ITS2) foi sequenciado pelos primers ITS-1 e ITS-2 utilizando o analisador genético ABI PRISM 3730 (Applied Biosystems Inc., EUA). A mistura de reação foi preparada misturando 7 µL de produto de PCR purificado, 0,5 µL de iniciador (10 µM), 1,25 µL de tampão e 1,5 µL de Big Dye Terminator (Applied Biosystem Inc., EUA). A reação de sequenciação foi submetida a 25 ciclos de 96 °C durante 10 segundos, 50 °C durante 5 segundos e 60 °C durante 4 minutos no termociclador. Procedeu-se à precipitação com etanol para remover o corante fluorescente remanescente, seguida da lavagem do sedimento com etanol a 70%. Cada pellet foi ressuspenso em 10 µL de HiDi Formamide (Applied Biosystem Inc., EUA), desnaturado pelo calor durante 5 minutos a 95 °C e rapidamente arrefecido em gelo durante 3 minutos, seguindo-se a sequenciação do ADN. As sequências de nucleótidos das regiões Nf-ITS do LCR do doente e da água da torneira adquiridas neste estudo foram submetidas ao GenBank com os números de acesso MT726981.1 e MT726226.1, respetivamente.

A genotipagem foi efectuada utilizando o método anteriormente descrito[11, 21] . Resumidamente, as sequências de referência de oito genótipos existentes, que consistem nas regiões ITS-1, 5.8S rDNA e ITS-2 de *Naegleria* spp. incluindo AY376149, X96564, X96562, AJ132030, AJ132028, FR875287, X96563 e FR875288, foram recuperadas do GenBank e alinhadas com as sequências MT726981.1 e MT726226.1 utilizando o programa MEGA-X[128] . Além disso, foi efectuada uma análise filogenética para delinear a relação evolutiva do isolado de *N. fowleri* do Paquistão com outras estirpes *de N. fowleri* isoladas até à data, utilizando o método de construção da árvore de máxima verosimilhança no programa Mega-X .[128-130]

3.1.11 SEQUENCIAÇÃO DO GENOMA COMPLETO:

3.1.11.1 PREPARAÇÃO DE BIBLIOTECAS UTILIZANDO O KIT NEXTERA PARA SEQUENCIAÇÃO ILLUMINA

Neste estudo, foi utilizado o kit de preparação de bibliotecas Nextra (Illumina Inc, Cat No: FC-121-1031). Em comparação com outros protocolos NGS, os protocolos Nextera de preparação de bibliotecas NGS utilizam menos material de partida, ou seja, 50 ng. Em ambos os procedimentos, é implementado um modo de cisalhamento enzimático pela enzima transposase. A quantificação do ADN foi efectuada utilizando o fluorómetro Qubit 2.0 (LifeTechnologies) antes da construção da biblioteca. Foram adicionados ao ADN quantificado 25 µl de tampão de marcação com 5 µl de enzima de marcação (Illumina Inc), seguidos de uma incubação a 55°C num termociclador (GeneAmp 9700, Life-Technologies, Cat No: N8050200) durante 8 minutos. O processo de fragmentação foi imediatamente interrompido pela adição de 5 µl de tampão de fragmentação de paragem (NTA) (Illumina Inc), seguida de uma incubação durante 5 minutos à temperatura ambiente.

A limpeza e a purificação dos fragmentos foram efectuadas com uma coluna Zymo Clean and Concentrator-25 (Zymo-Research, Cat No: D4023), de acordo com o protocolo padrão (Illumina Inc), seguida de eluição em 20 µl de tampão de ressuspensão. O enriquecimento por PCR foi efectuado misturando 20 µl dos fragmentos purificados, 25 µl de Nextera PCR master mix e 5 µl de cocktail de iniciadores de PCR juntamente com 1 µl de cada índice 1 (i7) e índice 2 (i5) atribuídos. As condições de ciclagem da PCR incluíram 72°C durante 3 minutos, 95°C durante 30 segundos, 15 ciclos de 95°C durante 10 segundos, 55°C durante 30 segundos e 72°C durante 30 segundos, 72°C durante 5 minutos. Finalmente, foi mantida a 10°C. Em seguida, os fragmentos enriquecidos foram purificados utilizando 30 µl de esferas AMPure XP (Beckman Coulter Inc, Cat No: A63881), seguidos de duas lavagens com etanol a 80% (v/v) e eluídos em 30 µl de tampão de ressuspensão. A gama de tamanhos e a qualidade da biblioteca foram analisadas por um instrumento Bioanalyzer 2100 (Agilent Technologies, Cat N.º: G2938-68700), bem como por um fluorómetro Qubit 2.0 (LifeTechnologies). A biblioteca foi diluída até 2 nM utilizando um tampão de pooling (10 mM Tris-HCL pH 8,0, dH2O e 0,1% (v/v) de Tween-20), seguido da formação de clusters de bibliotecas NGS e da sequenciação num instrumento MiSeq. A preparação da biblioteca de ADN Nextera envolve uma enzima "transposase" para fragmentação e marcação do ADN numa única etapa. Para a amplificação por PCR, foram adicionados adaptadores juntamente com os índices i7 e i5 com códigos de barras individuais para a leitura 1 e 2, antes do iniciador de sequenciação de ADN.

3.1.11.2 SEQUENCIAÇÃO DO GENOMA COMPLETO NO ILLUMINAS MISEQ

Procedeu-se à diluição e desnaturação das bibliotecas agrupadas, à preparação do cartucho de reagentes e à preparação de uma corrida utilizando o MiSeq Control Software (MCS) antes da sequenciação no Illumina MiSeq utilizando o MiSeq Reagent Kit V3, 150 ciclos (MS-102-3001, Illumina).

3.1.11.2.1 DESNATURAÇÃO E DILUIÇÃO DAS BIBLIOTECAS E DO CONTROLO PHIX PARA SEQUENCIAÇÃO:

15 µl da biblioteca foram misturados com 585 µl de tampão HT1 num tubo Eppendorf, seguido de centrifugação a 280 x g a 20℃ durante 1 minuto. O tubo foi colocado em

na incubadora pré-aquecida (98 ℃) durante 2 minutos. Em seguida, o tubo foi colocado imediatamente no gelo por 5 minutos. Foram adicionados 6 µl de PhiX Control 12 pM às bibliotecas, tendo o cartucho sido descongelado em banho-maria durante uma hora, seguido de mistura, ou seja, invertendo o tubo dez vezes. A folha de alumínio, rotulada Load Samples, no cartucho foi perfurada com uma pipeta limpa de 1 ml. O volume total de bibliotecas e PhiX (606 µl) foi carregado no cartucho de reagentes sem tocar na folha.

3.1.11.2.2 PREPARAR UMA CORRIDA UTILIZANDO O SOFTWARE DE CONTROLO MISEQ (MCS)

No ecrã inicial, foi selecionada a opção Gerir instrumento. O sistema foi reiniciado. Foi criada uma placa de amostras no programa Illumina Experiment Manager (IEM). No ecrã principal do IEM, foi selecionada a opção Create Sample Plate (Criar placa de amostras). Foi selecionado o kit NEXTERA Index (24 índices, 96 amostras). A placa recebeu um nome de placa exclusivo. (por exemplo, iniciais da data). Foi selecionado o esquema de índice - 2 - as bibliotecas são de índice duplo. Foi selecionado o separador Plate (Placa). Este separador imita a disposição de uma placa de 96 poços com colunas A-H, linhas 1-12. A identificação da amostra foi digitalizada ou digitada juntamente com os índices corretos (cada amostra recebeu um par de índices único). Foi selecionado o fim e a placa foi guardada. Foi criada uma folha de amostras no programa IEM. No ecrã principal do IEM, foi selecionada a opção Create Sample Sheet (Criar folha de amostras). Foi selecionada a opção MiSeq com a aplicação - Fastq only. No Reagent Kit Barcode (Código de barras do kit de reagentes), foi introduzido o ID do kit de reagentes do cartucho de reagentes. Foi selecionado o adaptador de índice - Nextera XT index kit (24 índices, 96 amostras). Foram selecionadas leituras de índice, 2 - as bibliotecas são de índice duplo. Foram introduzidos o nome da experiência, o nome do investigador, a descrição e a data. Foi selecionado o tipo de leitura - paired end. Foi introduzida a leitura de ciclos de 151. No ecrã Home (Início), foi selecionada a opção Sequence (Sequência) para configurar a execução. No ecrã Sequence Mode Selection (Seleção do modo de sequência), foi selecionado Local Run Manager (Gestor de execução local). No ecrã BaseSpace Options (Opções do BaseSpace), foi selecionada a opção Use BaseSpaceTM (Utilizar BaseSpaceTM). Em seguida, foi selecionado Next (Seguinte). A folha de amostras foi selecionada a partir da lista de execuções. Foi selecionado Next (Seguinte) para proceder ao carregamento da célula de fluxo.

A lâmina de fluxo foi retirada do recipiente da lâmina de fluxo, seguida de lavagem com água de laboratório até à remoção do excesso de sal e secagem com um tecido para lentes que não largue pêlos. Levantou-se a porta do compartimento da lâmina de fluxo e, em seguida, premiu-se o botão de libertação situado à direita da pinça da lâmina de fluxo. Segurando os bordos da lâmina de fluxo, esta foi colocada na plataforma da lâmina de fluxo. A pinça da lâmina de fluxo foi lentamente pressionada para baixo para a fechar sobre a lâmina de fluxo. A porta do compartimento da célula de fluxo foi fechada. Selecionou-se Next. Inverteu-se o frasco PR2 para misturar e retirou-se a tampa. Abriu-se a porta do compartimento dos reagentes. A pega do sifão foi levantada até ficar bloqueada no lugar. O frasco de lavagem foi retirado e o frasco PR2 foi carregado. Os resíduos foram esvaziados num contentor de resíduos adequado. A pega do sifão foi lentamente baixada

A porta do refrigerador de reagentes foi aberta. O cartucho de reagente foi introduzido no refrigerador de reagentes até o cartucho parar. A porta do refrigerador de reagentes foi fechada, seguida da porta do compartimento de reagentes. Foi selecionado Next (Seguinte). A opção Start run foi selecionada quando a máquina estava pronta.

3.1.11.2.3 CONTROLO DA QUALIDADE APÓS A SEQUENCIAÇÃO

Quando a sequenciação foi efectuada com MCS, foram fornecidas estatísticas de qualidade para monitorizar os parâmetros durante a execução. Foram apresentados parâmetros como a densidade de clusters, a % de filtro de passagem de clusters, a pontuação de qualidade (%Q30) e o rendimento estimado em megabases (Mb). Durante e após cada execução, estes parâmetros foram inspeccionados. No quadro 5, são apresentadas as especificações previstas para a utilização do kit de reagentes MiSeq V3 . [131]

3.1.11.2.4 ANÁLISE BIOINFORMÁTICA

A qualidade das leituras foi verificada com o software FastQC. As leituras de extremidade emparelhada foram montadas em contigs e scaffolds utilizando o montador SPAdes[132, 133] . O software Prokka[132] , o servidor Galaxy ((https://usegalaxy.org/) e a ferramenta GeSeq do servidor chlorobox[134] foram utilizados para uma anotação rápida e precisa do genoma mitocondrial da *N. fowleri*. O servidor Web Mitos (mitos.bioinf.uni-leipzig.de\index.py) foi utilizado para determinar as dobras tridimensionais de diferentes ARN ribossómicos e ARN de transferência codificados pelo genoma mitocondrial da *N. fowleri*. Além disso, as possíveis arquitecturas tridimensionais globais de todas as proteínas mitocondriais *de N. fowleri* foram determinadas pelo servidor Swiss Model . [135]

3.2 ISOLAMENTO, IDENTIFICAÇÃO E GENOTIPAGEM DE *N. FOWLERI* A PARTIR DE ÁGUA DOMÉSTICA

3.2.1 PERÍODO DE ESTUDO

A amostra de água doméstica foi recolhida durante o mês de maio de 2019, que foi o mês mais quente do ano. Este período quente de recolha de amostras de água foi selecionado para permitir o máximo de resultados positivos. Foram selecionadas aleatoriamente 37 amostras de água da torneira de várias zonas residenciais (18 cidades) de Carachi (Figura 3.1, Quadro 3.3). Cada amostra foi recolhida em garrafas estéreis de polipropileno de um litro. Todas as amostras de água foram transportadas no mesmo dia para o laboratório e processadas no prazo de 12 horas após a recolha.

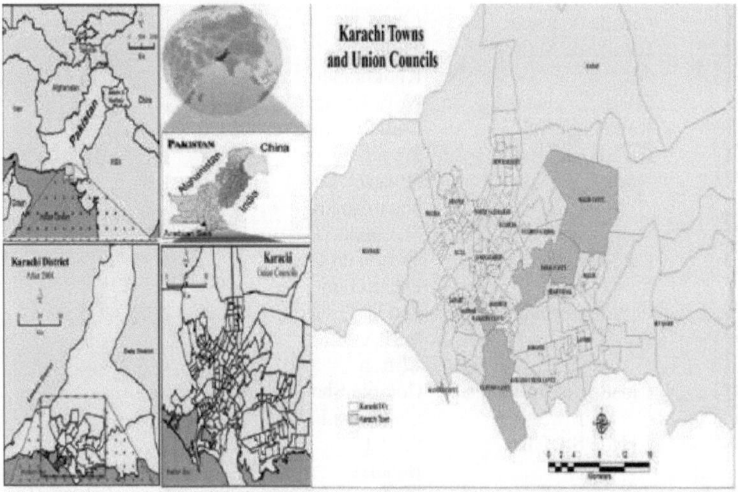

Figura 3.1: Mapa de localização da área de estudo: As cidades de Karachi e o Union Council. [136]

Quadro 3.3: Recolha de amostras de água doméstica em diferentes cidades de Carachi

S.N.	Cidades	Zonas residenciais	Número de amostras
1	Cidade de Baldia	Baldia	1
2	Cidade de Bin Qasim	Quaidabad	1
		Cidade do aço	1
3	Cidade de Gulab	Mangopir	1
		Sohrab gótico	1
4	Cidade de Gulbargh	Área F.B	1
5	Cidade de Gulshan	Gulistan e johar	1
		Gulshan	1
		Isa Naghri	1
		Safoora	1
6	Cidade de Jamshed	Colónia de Akhatr	1
		Colónia de Manzoor	1
7	Cidade de Kemari	Kemari	2
8	Cidade de Korangi	Korangi	1
		Qayyumabad	1
9	Cidade de Landhi	Landhi	1
10	Cidade de Liaquatabad	Liaquatabad	1

11	Cidade de Liyari	Liyari	1
12	Cidade de Malir	Malir	1
		Khokhrapar	1
13	Nova cidade de Karachi	Nova Carachi	1
		Carachi Norte	3
14	Cidade de Nazimabad Norte	Zona tampão	1
		Hyderi	1
		Nazimabad	1
		Shadman	1
15	Cidade de Orangi	Cidade de Orangi	1
		Pahar Ganj	1
16	Cidade de Saddar	Saddar	1
		D.H.A	1
		Clifton	1
17	Cidade de Shah Faisal	Colónia Shah Faisal	1
		Shahrah.e.Faisal	1
18	Cidade S.I.T.E.	S.I.T.E	1
		Banaras	1
		Qasba	1
		Metroville	1

3.2.2 EFEITO DOS PARÂMETROS FÍSICO-QUÍMICOS DA ÁGUA EM *N.*

O presente estudo foi realizado para testar a qualidade da água da rede de distribuição de água doméstica através da recolha de quarenta amostras em dezoito cidades de Carachi. O objetivo era avaliar a relação potencial entre a presença de *N. fowleri* e os parâmetros físico-químicos da água na rede de distribuição de água doméstica. Foi efectuada a quantificação do cloro residual, do pH, da temperatura e da contagem padrão em placas (SPC).

3.2.2.1 A ANÁLISE DO pH

Os valores de pH de todas as amostras de água foram registados utilizando o medidor de pH calibrado (HANNA). Foi efectuada uma lavagem adequada da sonda entre as leituras das diferentes amostras.

3.2.2.2 ANÁLISE DA TEMPERATURA DA ÁGUA

A temperatura da água desempenha um papel importante na avaliação da qualidade da água doméstica. A maior parte das bactérias patogénicas são mesófilas, ou seja, a sua temperatura óptima varia entre 20 e 40 graus Celsius. As temperaturas das amostras de água foram medidas com um medidor HANNA. Estes valores de temperatura foram registados num período de 12 horas.

3.2.2.3 ANÁLISE DO CLORO LIVRE

Os níveis de cloro livre (intervalo 0,0 - 2,5 ppm) foram analisados em todas as amostras de água nas 2 horas seguintes à recolha, utilizando o HI 3831 F Free Chlorine Test K it (HANNA chemical test kit, Itália), através de uma cuvete colorida. Foram adicionadas cinco gotas do reagente-1 e três gotas do reagente-2, seguidas da adição de 5 ml de amostra de água. Os ácidos clorídrico e hipocloroso são formados quando o cloro é adicionado à água. O ácido hipocloroso actua como agente antimicrobiano. Os ácidos clorídrico e hipocloroso são conhecidos como cloro livre, que oxidam imediatamente o DPD (N, N-diethyl1, 4-p-phenylenediamine) produzindo uma cor magenta.

3.2.3 EFEITO DOS COLIFORMES *NA NAEGLERIA FOWLERI* NA ÁGUA DOMÉSTICA DE KARACHI

Também determinámos a potencial relação entre a presença de *Naegleria fowleri* e de coliformes na rede de distribuição de água doméstica.

3.2.3.1 ANÁLISE DE COLIFORMES TOTAIS, COLIFORMES FECAIS.

Este procedimento fornece instruções para a análise de organismos indicadores de possível contaminação como coliformes totais, coliformes fecais e *E. coli* na água doméstica, sugerindo a presença de outras bactérias patogénicas, vírus e parasitas. O grupo dos coliformes totais é um grande conjunto de diferentes espécies de bactérias que provêm das fezes, do solo ou de outra origem. Enquanto que os coliformes fecais são tipos de coliformes totais que existem maioritariamente nas fezes humanas ou de animais de sangue quente. *A E. coli* é um subgrupo ou membro mais comum dos coliformes fecais. Alguns dos indicadores bacterianos são descritos na figura 3.2.

As amostras foram recolhidas em frascos esterilizados e testadas de acordo com as diretrizes da OMS .[137]

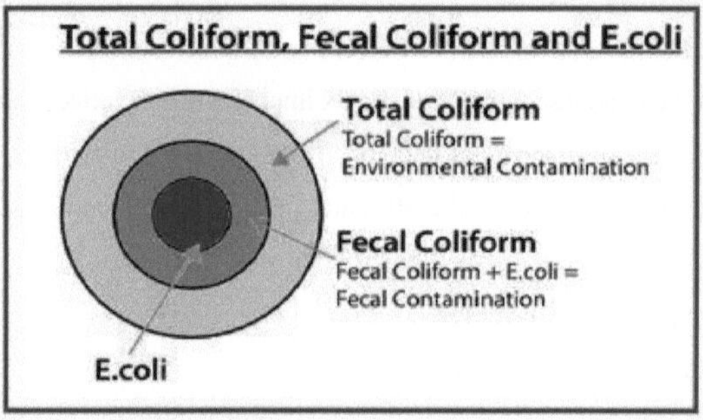

Figura 3.2: Indicadores bacterianos na água da torneira.

3.2.3.1.1 MÉTODO DE FILTRO DE MEMBRANA PARA ANÁLISE DE COLIFORMES, COLIFORMES FECAIS E *E. COLI*

Foram utilizadas unidades de filtração estéreis no início de cada série de filtração. Com a ajuda de uma pinça estéril, o filtro de membrana de 0,45 µm (MS® mixed cellulose ester) foi colocado com o lado da grelha virado para cima sobre as placas porosas do recetáculo (Figura 3.3A). A unidade do funil foi cuidadosamente colocada sobre o recipiente e bloqueada. Foram filtrados 100 ml de amostra de água sob vácuo parcial (figura 3.3B). A membrana filtrante foi imediatamente removida com uma pinça estéril e colocada numa placa OXOID CM 919 MLSA (Membrane lauryl sulphate agar) e incubada a 37^{0}C (Figura 3.3C). Repetiu-se o procedimento acima descrito com a placa de ágar OXOID CM 0069 EMB (Eosine methylene blue) e incubou-se a 42^{0} C, respetivamente. Todas as placas de ágar foram observadas após 48 horas.

Os coliformes (amarelos) no MLSA foram confirmados por subcultura em ágar MacConkey (Figura 3.3D). A colónia de coliformes fecais (rosa escuro) no ágar EMB foi confirmada por subcultura em ágar EMB incubado a 42ºC durante 48 horas. A colónia de *E. coli* (brilho verde metálico distinto) em ágar EMB foi confirmada por subcultura em ágar EMB incubado a 42ºC durante 48 horas.

Figura 3.3: Método de filtro de membrana para análise de coliformes, coliformes fecais e *E. coli*

3.2.4 EXTRACÇÃO DE ADN GENÓMICO DE *N. FOWLERI* A PARTIR DE ÁGUA DOMÉSTICA

Foram recolhidas quarenta (40) amostras de água doméstica em todas as cidades de Carachi. Foram recolhidas cerca de 1200 ml de amostras em cada frasco esterilizado e procedeu-se à sua recolha no prazo de 12 horas. Filtrou-se um total de 1000 ml de amostras de água doméstica (filtros de vácuo -) através de membranas de nitrocelulose (MS®MCE Gridded Membrane Filter) com poros de 0,45 µm de tamanho para reter *a Naegleria fowleri* no filtro. O vácuo foi criado ligando o frasco a um aspirador (EYELA Aspirator A-3S) (figura 1). A membrana de nitrocelulose foi removida assepticamente do conjunto de filtração, a membrana foi cortada em pequenos pedaços e colocada num tubo falcon estéril de 50 ml. O tampão de lavagem (contendo 0,2% de Tween 20) foi preparado adicionando 10 µl de Tween 20 a 5 ml de tampão AE (QIAamp DNA Mini Kit). O tampão de lavagem foi imediatamente transferido para um tubo Falcon contendo a membrana. O tubo Falcon foi agitado em vórtice durante 3 minutos à velocidade média. Num tubo falcon estéril de 15 ml, esta suspensão de células foi centrifugada a 14.000 x g durante 2 minutos. O sobrenadante foi cuidadosamente removido. Foram adicionados 200 µl de tampão ATL ao pellet e misturados por vórtex (DRAGON LAB MXS) durante 15 segundos e centrifugação por impulso para remover gotas do interior da tampa da microcentrifugadora de 1,5 ml. Os sedimentos ressuspensos foram incubados com 20 µl de QIAGEN Proteinase K (600 mAU/ml) durante 1 hora a 56 °C após agitação em vórtex e centrifugação por impulso. Foram adicionados 4 µl de RNase A (100 mg/ml), misturados por agitação em vórtex durante 15 segundos e incubados durante 2 minutos à temperatura ambiente (25-30 °C). Foram adicionados 200 µl de tampão AL, misturados por vórtex durante 15 segundos e incubados a 70°C durante 10 min. Centrifugar brevemente o tubo para remover as gotas do interior da tampa. Foram adicionados 200 µl de etanol absoluto a 100%, misturados por agitação em vórtice durante 15 segundos e centrifugados por breves instantes.

A mistura foi aplicada à coluna spin QIAamp Mini (num tubo de recolha de 2 ml) e centrifugada a 6000 x g durante 1 min. O tubo contendo o filtrado foi descartado. Posteriormente, foram adicionados 500 µl de Buffer AW1 à coluna de centrifugação QIAamp Mini, seguido de centrifugação a 6000 x g durante 1 min. O tubo de recolha contendo o filtrado foi descartado. Em seguida, na mesma coluna de centrifugação

QIAamp Mini, foram adicionados 500 µl de tampão AW2, seguido de centrifugação a 20 000 x g durante 3 min.

A coluna de centrifugação QIAamp Mini foi colocada num novo tubo de recolha de 2 ml, seguido de centrifugação a 20 000 x g durante 1 min. Em seguida, a coluna de centrifugação QIAamp Mini foi mantida num tubo de microcentrifugação limpo de 1,5 ml e foi-lhe adicionado 80 µl de AE Buffer, seguido de equilíbrio à temperatura ambiente durante 1 min e centrifugado a 6000 x g durante 1 minuto. O ADN genómico foi armazenado a -20 °C.

3.2.5 QUALIFICAÇÃO DO ADN EXTRAÍDO

O gel de agarose (0,8%) foi preparado com 1,2 g de agarose e 150 ml de tampão 1x Tris/ácido acético/EDTA (TAE), pH 8,3. A mistura foi completamente derretida no micro-ondas. Deixou-se arrefecer a solução de agarose até 50 °C e, em seguida, adicionou-se 3 µl de brometo de etídio (Bionedical Cat# 190202) (concentração de 0,5 µg/ml) antes de verter o gel na caixa de moldagem com o pente no lugar. Depois de solidificado, o pente foi retirado. O gel foi coberto com tampão de corrida (1x TAE-buffer). Adicionou-se 1 µl de corante de carga 6X (Thermo fisher, cat.# R0611) a 5 µl de cada amostra de ADN. Foram carregados 6 µl de cada amostra numa cavidade designada no gel de agarose. A eletroforese foi efectuada a 100V, 400mA durante 45 minutos. Foi utilizado o Sistema de Documentação em Gel (ENDURO™ GDS) para analisar o gel.

3.2.6 QUANTIFICAÇÃO DO ADN EXTRAÍDO

A concentração de ADN extraído foi determinada utilizando o fluorómetro Qubit 2.0 (Life Technologies), que é um fluorómetro pequeno e portátil fabricado com o objetivo específico de quantificar o ADN. Este fluorómetro foi selecionado porque utiliza uma molécula fluorescente específica que só é detectada quando está ligada ao ADN de cadeia dupla alvo, reduzindo assim a possibilidade de leitura de partículas livres, por exemplo, ARN, proteínas e outros contaminantes que possam ainda estar presentes na amostra.

O kit de ensaio Qubit dsDNA HS (alta sensibilidade) foi utilizado de acordo com o protocolo do fabricante. A solução de trabalho foi preparada diluindo o reagente dsDNA HS em tampão dsDNA HS numa proporção de 1: 200. Adicionaram-se 199 µl de solução de trabalho a 1 µl de amostra extraída de ADN para obter um volume final de 200 µl. No caso dos padrões, foram adicionados 10 µL de cada padrão a 190 µL de solução de trabalho. Todos os tubos foram incubados à temperatura ambiente durante 2 minutos. Em seguida, o instrumento foi calibrado com soluções padrão e a concentração do ADN extraído foi determinada com o fluorómetro Qubit 2.0.

3.2.7 AMPLIFICAÇÕES DE GENES ESPECÍFICOS DE *N. FOWLERI* POR PCR

A amplificação por PCR foi realizada para confirmar a ameba móvel, uma vez que a identificação selectiva de *Naegleria* spp. e *N. fowleri* com base na morfologia celular é difícil. A amplificação por PCR foi efectuada para todas as amostras de água, tal como referido anteriormente[28-31] , utilizando iniciadores específicos do género Naegleria e iniciadores específicos da espécie Naegleria fowleri. Os ensaios de amplificação foram realizados num volume total de 25 µl, contendo 9,5 µl de ddH_2O, 0,5 µl de cada iniciador (10 µM), 10 µl de Green Master Mix (Promega, EUA) e 5,0 µl de ADN genómico modelo extraído das amostras de água. Para a deteção de *Naegleria* spp. ou *N. fowleri* nas amostras de LCR, foram utilizados quatro conjuntos de primers, como se segue:

Nae3-F CAAACACCGTTATGACAGGG
Nae3-R TGGTTTCCCTCACCTTACG [138]

Nf-ITS1-F GAACCTGCGTAGGGGATCATTT
Nf-ITS2-R TTTCTTTTCCTCCCCTTATTA [127]

NaeglF1925-F GTGCTGAAACCTAGCTATTGTAACTCAGT
NaeglR344-R CACTAGAAAAAGCAAACCTGAAAGG[78]

Nfa1 primer-F ATGGCCACTACTATTCCATCACCA
Nfa1 primer-R AAGCACTCCCTTGTACTTCAT [123]

Seguidas de uma desnaturação prolongada, ou seja, 95 ◦C durante 5 min, as reações de amplificação com pares de primers foram realizadas em 40 ciclos de desnaturação a 95 ◦C durante 3 segundos, recozimento a 53 ◦C durante 30 segundos e extensão a 72 ◦C durante 30 segundos. Foi incluída uma extensão final a 72 ◦C durante 5 minutos. O produto amplificado foi visualizado num gel de agarose a 2 % .[124]

3.3 ANÁLISES BIOINFORMÁTICAS ESTRUTURAIS DA ENZIMA CATEPSINA-B *DE N. FOWLERI*, UM IMPORTANTE ALVO DE MEDICAMENTOS

3.3.1 ANÁLISES DE SEQUÊNCIAS E PESQUISA DE MODELOS:

As sequências de aminoácidos das cisteíno-proteases *de N. fowleri* (Uniprot ID; X5D761, Uniprot ID; M1HE19 e Uniprot ID; X5D911) foram obtidas da base de dados UNIPROT. Para a identificação de homólogos estruturais, foi utilizado o PSIBLAST contra o Protein Data Bank (PDB). Dependendo da elevada percentagem de semelhanças e do menor número de lacunas, foram selecionados homólogos estruturais de comprimento total em como modelos para Uniprot ID; X5D761 e Uniprot ID; M1HE19 cysteine proteases. Por outro lado, a (Uniprot ID; X5D911), ou seja, a protease do tipo catepsina-B, não se alinhou bem com nenhuma das estruturas presentes no PDB. Foi efectuado um alinhamento múltiplo de sequências utilizando sequências homólogas de diferentes espécies através do software CLUSTALX[139] para descobrir os padrões de consenso na família da cisteína-protease catepsina-B. O padrão foi utilizado para otimizar a estrutura da catepsina-protease. O padrão foi utilizado para otimizar o alinhamento das sequências em pares do alvo e do modelo.

3.3.2 PREVISÃO DA ESTRUTURA SECUNDÁRIA:

O programa PSIPRED foi utilizado para a previsão da estrutura secundária de Uniprot ID; X5D761 e Uniprot ID; M1HE19. A informação obtida foi utilizada para construir um alinhamento de sequências de pares baseado na estrutura entre as sequências das proteínas alvo e modelo.

3.3.3 MODELAÇÃO HOMOLÓGICA:

Os modelos de homologia de ambas as cisteíno-proteases de *N. fowleri* (Uniprot ID; X5D761 e Uniprot ID; M1HE19) foram construídos utilizando o mesmo modelo, ou seja, a estrutura cristalina da cisteíno-protease Procatepsina-B de rato [PDB ID: 1MIR]. A modelação de homologia, bem como o refinamento, foram efectuados pelo MODELLERv9.20[140] . Software autónomo. A avaliação dos modelos de homologia foi efectuada com os programas PROCHECK[141] e PROSA[142] . A sobreposição estrutural foi efectuada utilizando as opções disponíveis no ficheiro de script SUPERPOSE do MODELLER .[140]

3.3.4 MODELAÇÃO DE PROTEÍNAS E ANÁLISE ESTRUTURAL:

As análises estruturais tridimensionais da proteína, em especial a interação da catepsina-B madura com o seu pró-peptídeo, bem como o seu sítio ativo, foram efectuadas utilizando o software DS Visualizer e Visual molecular Dynamics (VMD)[143] .

3.3.5 SIMULAÇÃO DA DINÂMICA MOLECULAR DE TODOS OS ÁTOMOS:

O estudo de simulação da dinâmica molecular (MD) é uma abordagem útil para compreender as interações proteína-proteína e proteína-ligando em pormenor ao nível molecular [1, 59, 85, 144] . As simulações MD de todos os átomos, incluindo os procedimentos analíticos cruciais, foram efectuadas com o pacote de software Amber v18[145] . O módulo LEaP foi utilizado para adicionar átomos de hidrogénio à catepsina-B e ao 1MIR (Modelo-1 e Modelo-2). Adicionámos contra-iões, ou seja, Na^+ e Cl^- para manter a neutralidade do sistema. A solvatação de todos os sistemas foi efectuada numa caixa octaédrica truncada do modelo de água TIP3P com um tampão de 10 Å. O método Particle Mesh Ewald (PME)[7] foi utilizado para tratar as interações electrostáticas de longo alcance, e o campo de forças *ff99IDPs* foi utilizado em todas as simulações[146, 147] . Todas as ligações que envolvem átomos de hidrogénio foram restringidas com o algoritmo SHAKE[148] . O PMEMD da versão CUDA foi utilizado para acelerar todas as simulações MD[149] . O método de descida mais íngreme foi utilizado para minimizar os sistemas solvatados para 20000 passos, depois 400ps de aquecimento e 200ps de equilíbrio no conjunto NVT. A produção é efectuada no conjunto NPT a 298K com um passo de tempo de 2ps no termóstato e baróstato de Berendsen. O pacote CPPTRAJ foi utilizado para analisar as trajectórias no Amber 18.

CAPÍTULO 4

RESULTADOS E DISCUSSÃO

4.1 IDENTIFICAÇÃO, GENOTIPAGEM E SEQUENCIAÇÃO DO GENOMA MITOCONDRIAL DE *N.*

Em Karachi, no Paquistão, a PAM continua a ser uma infeção do SNC muito frequente associada à exposição a água doce quente desde a última década. Com uma população de cerca de 27 milhões de habitantes, Karachi é a maior cidade, o centro industrial, a capital financeira e o centro comercial do Paquistão. As alterações geográficas, especialmente os choques térmicos recorrentes, parecem ser a causa dos surtos de *N. fowleri* nesta cidade. Tendo em conta o rápido aparecimento e a elevada taxa de mortalidade desta doença mortal, é muito importante dispor de uma vacina potencial, de um diagnóstico precoce e de um tratamento eficaz. A PAM pode ser diagnosticada de forma confirmada por microscopia direta, cultura amebiana em placas de NNA com *E. coli* e PCR. O isolamento seletivo de *N. fowleri* requer uma temperatura de cultura entre 42-45 °C, na qual o crescimento de outras amebas é estritamente suprimido. Embora a N. lovaniensis seja uma espécie excecional de Naegleria que pode crescer a *42-45°C*, não sendo patogénica, não pode estar presente no LCR. Geralmente, o diagnóstico confirmado da PAM é efectuado a partir do LCR dos doentes utilizando ensaios de PCR baseados em iniciadores *Naegl* e *ITS*. [73, 81, 129, 150]

O presente estudo centrou-se na deteção e isolamento do isolado *de N. fowleri* paquistanês do LCR do doente e da água da torneira da sua residência, a fim de revelar o seu genótipo ainda desconhecido, uma vez que isso poderia ajudar a conceber vacinas e medicamentos específicos do genótipo no futuro.

4.1.1 ANÁLISE BIOQUÍMICA E CITOLÓGICA DE AMOSTRAS DE CSF

O presente estudo foi efectuado em 74 amostras de LCR, retiradas de 40 (54%) homens e 34 (46%) mulheres. A idade dos doentes variava entre 2 e 71 anos (média ± DP = 38,33 ± 10,44). Os dados dos doentes, incluindo os resultados bioquímicos e citológicos das amostras de LCR, são apresentados no Apêndice (Anexo II). A química do LCR revelou um nível elevado de proteínas (>40mg/dL) em todas as amostras e um nível reduzido de glucose (<50mg/dL) em (n=62) 83,78% das amostras. A contagem de leucócitos >1000 células/mm3 foi encontrada em (n=43) 58,11% das amostras, enquanto (n=29) 39,1% das amostras apresentaram uma contagem de leucócitos entre 100 e 1000 células/mm^3. O LCR predominantemente neutrofílico (neutrófilos > 50%) foi encontrado em (n=58) 78,37% das amostras (Tabela 4.1).

De um total de 74 amostras de LCR de doentes com suspeita de meningite, apenas um LCR foi positivo para a PCR. Foram comparados os parâmetros bioquímicos e citológicos das amostras de LCR positivas (n=1) e negativas (n=73) da PCR (Tabela 4.2). Estas análises revelaram uma concentração global baixa de glucose, uma concentração elevada de proteínas totais e um valor elevado da contagem total de leucócitos com uma percentagem aumentada de neutrófilos. Também foram registados resultados semelhantes noutros tipos de meningite[151] , o que sugere a inadequação destas análises para discriminar a PAM de outras meningites.

O diagnóstico da PAM através de testes laboratoriais clínicos é muito difícil, uma vez que o LCR dos doentes com PAM apresenta achados inespecíficos, incluindo uma pleocitose de neutrófilos, níveis elevados de proteínas e níveis diminuídos de glucose, que estão relacionados com os da meningite bacteriana aguda, resultando num erro de avaliação e, consequentemente, na morte do doente. Para o diagnóstico precoce da PAM, é necessário visualizar as amebas diretamente numa montagem húmida de LCR fresco. A coloração típica de Gram e outras estratégias de coloração não podem ser realizadas, uma vez que as amebas não se coram bem e podem ser lisadas durante o procedimento de fixação pelo calor[152] . No entanto, numa preparação de montagem húmida, o organismo também pode ser confundido com macrófagos móveis.

O diagnóstico de PAM pode ser confirmado (a) pela cultura das amebas em placas de NNA com *E. coli* e (b) por PCR. O isolamento seletivo de N. fowleri requer uma temperatura de cultura entre 42-45 °C para que o crescimento de outras amebas possa ser suprimido[73] . Por conseguinte, a temperatura (44 °C) utilizada para a cultura neste estudo não era adequada para o crescimento de outras Naegleria spp. As espécies de *Naegleria* frequentemente encontradas em águas quentes são a N. lovaniensis termofílica mas não patogénica, que está estreitamente relacionada com a *N. fowleri*[73] . No Paquistão, em Taiwan e no Vietname, a PAM foi diagnosticada a partir do LCR de doentes utilizando o ensaio de PCR baseado nos iniciadores Naegl ou Nae3[78, 153] . Além disso, o ADN de *N. fowleri* do LCR de um doente francês foi amplificado utilizando iniciadores ITS 5.8S .[154]

Este estudo baseou-se no rastreio de 74 amostras de doentes suspeitos de meningite para o isolamento, identificação e genotipagem de *N. fowleri.* Foram efectuadas análises bioquímicas e citológicas de todas as amostras, que revelaram uma concentração global baixa de glucose, uma concentração elevada de proteínas totais e um valor elevado da contagem total de leucócitos com uma percentagem aumentada de neutrófilos. Não foi observada qualquer diferença estatisticamente significativa relativamente à química do LCR e às células entre as amostras de LCR positivas e negativas para PCR (dados não apresentados), o que sugere a inadequação da utilização destas análises na discriminação da infeção por *N. fowleri* de outras meningites. A partir da microscopia direta de todas as amostras de LCR, observou-se que uma amostra (AY-27) tinha amebas móveis que indicavam a presença de *Naegleria* spp. A análise de PCR de todas as 74 amostras de LCR revelou resultados positivos de PCR baseados nos primers ITS e Naegl para a mesma amostra (AY-27).

Tabela 4.1: Dados demográficos, bioquímicos e citológicos dos pacientes (n = 74). Os dados são apresentados como média ± desvio padrão para as variáveis contínuas e como número (percentagem) para as variáveis categóricas.

Caraterísticas		Valores
Idade (anos)		26.04± 16.25
Sexo	Masculino	40 (54.06%)
	Feminino	34 (45.94%)
Glicose (mg/dl)		25,82± 20,49
	<50	62 (83.78%)
	>50	12 (16.22%)
Proteína (mg/dl)	563,05± 546,68	
	<40	0 (0.0%)
	>40	74 (100%)
Leucócitos (total/mm³)	2015.99± 1877.62	
	<100	2 (2.70%)
	<101-1000	29 (39.19%)
	>1000	43 (58.11%)
Percentagem de neutrófilos	70,26± 27,72	
	<50	16 (21.62%)
	>50	58 (78.38%)
Percentagem de linfócitos	30,15± 27,49	
	<50	58 (78.38%)

	>50	16 (21.62%)

Tabela 4.2: Comparação entre parâmetros bioquímicos e citológicos de amostras PCR positivas e negativas: Valores normais Glicose no LCR 45-80 mg/dL, Proteína 20-40 mg/dL, Leucócitos 0-5 células/mm3.

Variáveis	PCR Negativo	PCR Positivo
	Valor absoluto da mediana	
Glicose	24	5
Proteína	240	240
Leucócitos	1500	2260
Percentagem de neutrófilos	80	75
Percentagem de linfócitos	25	25

4.1.2 ANÁLISE MICROSCÓPICA DIRECTA POR VIA HÚMIDA

A microscopia direta de esfregaços frescos de LCR encontrou células amebianas móveis vivas com pseudópodes numa amostra de LCR (amostra id=AY-27) de 74 amostras testadas (Figura 4.1). A mudança contínua na morfologia celular e a formação de pseudópodes sugeriram o estado trofozoítico da ameba. Os trofozoítos tinham aproximadamente 12-15 μm de tamanho. Observou-se que a ameba rastejante se movia rapidamente com velocidade de ~1 μm/s usando pseudópodes eruptivos. Para o diagnóstico precoce da PAM, é necessário visualizar as amebas diretamente numa montagem húmida de LCR fresco. A coloração típica de Gram e outras estratégias de coloração não podem ser realizadas porque as amebas não se coram bem e podem ser lisadas durante o procedimento de fixação pelo calor[155] . No entanto, numa preparação de montagem húmida, o organismo também pode ser confundido com macrófagos móveis.

4.1.3 ISOLAMENTO DE FLOCOS EM ÁGAR NUTRIENTE (NNA)

Os exames em dias alternados de todas as placas de cultura NNA (n=74) foram efectuados até 10 dias utilizando um microscópio de luz (10X) (OPTIKA, B-382 PLi, Itália). Nas placas NNA (n=73), as culturas que não apresentavam caraterísticas morfológicas de ameba no prazo de 10 dias foram consideradas negativas e descartadas corretamente (incineração). O estágio de trofozoíto foi observado após o terceiro dia de cultura em apenas uma amostra (1,35%). O estágio de trofozoíto é demonstrado na Figura 4.2. Formas móveis de trofozoítos no fluido cerebrospinal. Um trofozoíto móvel mostra motilidade direcional por pseudópodes. O isolamento seletivo de *N. fowleri* requer uma temperatura de cultura entre 42-45 °C para que o crescimento de outras amebas possa ser suprimido. Assim, a temperatura (44 °C) utilizada para a cultura neste estudo não era adequada para o crescimento de outras Naegleria spp. A espécie de *Naegleria* frequentemente encontrada em águas quentes é a *N. lovaniensis*, termofílica mas não patogénica, que está estreitamente relacionada com a *N. fowleri* .[73]

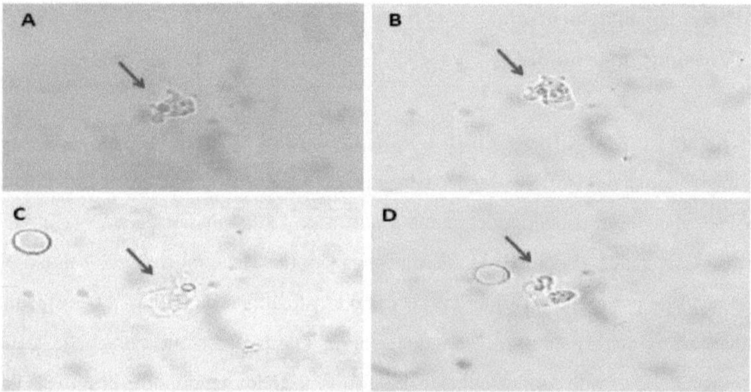

Figura 4.1: Microscopia direta de uma amostra fresca de LCR de um doente, mostrando a presença de amebas móveis (representadas por setas) utilizando 40X.

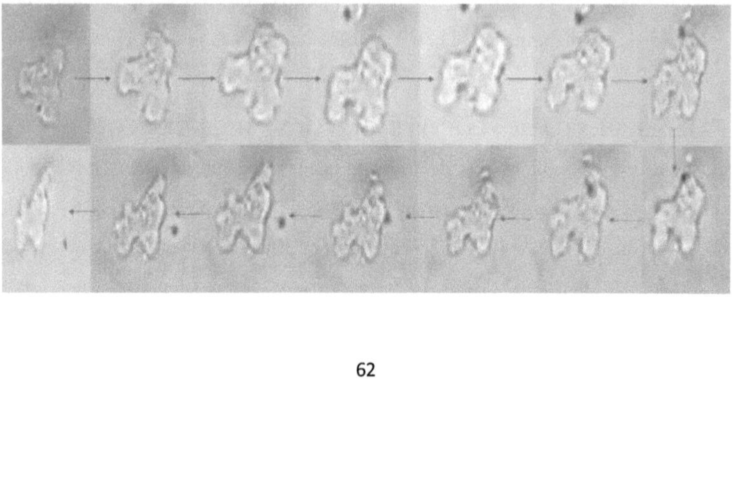

Figura 4.2: Foi observada uma cultura positiva da amostra de LCR no terceiro dia para a presença de trofozoítos móveis

4.1.4 DETECÇÃO DE *N. FOWLERI* COM BASE EM PCR A PARTIR DE UMA AMOSTRA DE CSF (AY-27) E DE UMA AMOSTRA DE ÁGUA DA TORNEIRA PARA USO DOMÉSTICO

Os amplicons de PCR obtidos com os pares de primers (i) Nf-ITS1-F_Nf-ITS1-R e NaeglF1925-F_NaeglR344-R apresentaram um comprimento aproximado de 410 pb e 153 pb, respetivamente (figura 4.3).

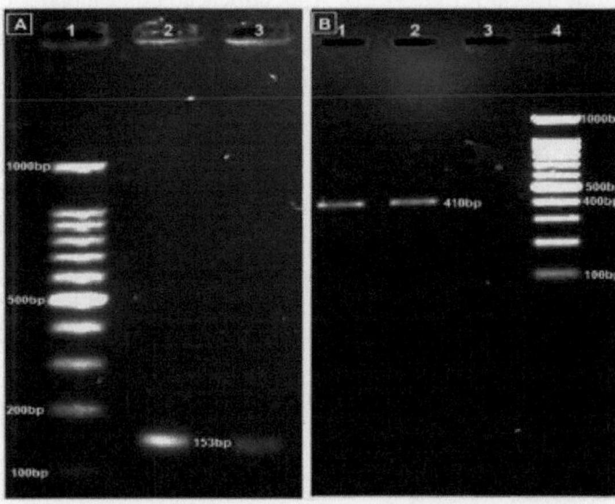

Figura 4.3: Amplicões de PCR obtidos utilizando pares de iniciadores específicos de *N. fowleri* [naeglf1925-F: naeglr344-R] (A) e específicos de Naegleria spp. [Nf-ITS1-F: Nf-ITS1-R] (B). Na parte A, pistas 1-3: Marcador, LCR, água da torneira. Na parte B, pistas 1-4: Água da torneira, LCR, branco, Marcador.

4.1.5 ANÁLISE DE SEQUÊNCIAS E GENOTIPAGEM

A genotipagem da *N. fowleri* isolada *foi* elucidada utilizando a região ITS-1 e a região do gene 5.8S rRNA[11] . A região ITS-1 é composta por 85 pb, dividida nas regiões R1 (16 pb), R2 (28 pb), M1 (15 pb) e M2 (27 pb). A análise das sequências mostrou que as repetições R1 e R2 estavam ausentes na região ITS-1 do LCR do doente (AY-27) e das amostras de água, ou seja, MT726981.1 e MT726226.1, respetivamente. No entanto, a presença de duas regiões principais, ou seja, M1 e M2, com 42 pb de comprimento e transição C>T na posição 31 na sequência do gene 5.8S rRNA (Figura 4.4). De acordo com o estudo anterior, os genótipos *de N. fowleri* estão dispersos de forma desigual em diferentes continentes, encontrando-se os genótipos 1, 2 e 3 na América, os genótipos 2, 3, 4, 5, 6, 7 e 8 na Europa e os genótipos 2 e 3 na Ásia. Destes oito genótipos, apenas os tipos 1, 2, 3 e 5 são clinicamente significativos[11] . A análise da sequência de nucleótidos do produto de amplificação baseado no iniciador ITS revelou homologia com o gene 18S rRNA *de N. fowleri*, o espaçador interno transcrito 1 (ITS1), o gene 5.8S rRNA, o espaçador interno transcrito 2 (ITS2) e o gene 28S rRNA (número de acesso KT375442.1). A identificação do genótipo 2 de *N. fowleri* isolado de um doente paquistanês neste estudo é consistente com as conclusões anteriores de De Jonckheere de que os genótipos 2 e 3 estão presentes em países asiáticos . [11]

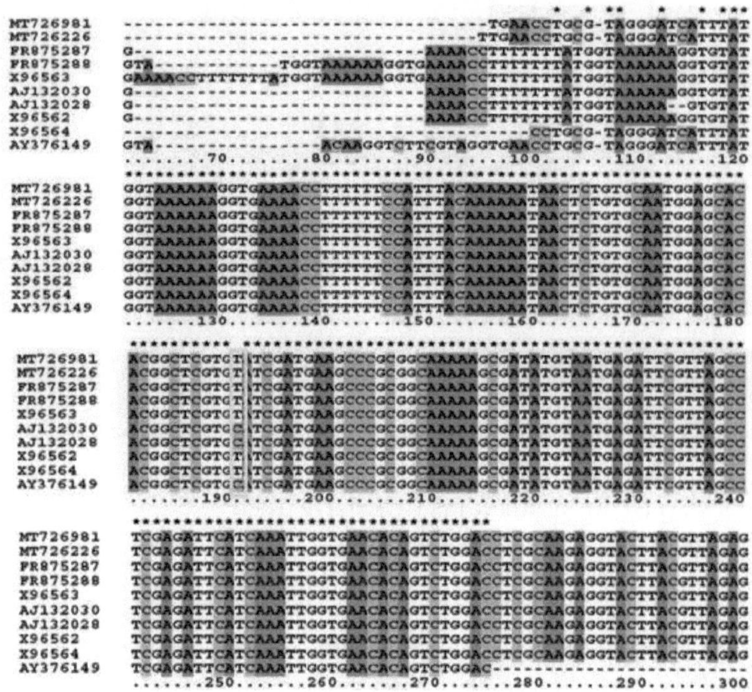

Figura 4.4: Alinhamento de sequências múltiplas das sequências ITS e 5.8S rDNA de oito genótipos *de N. fowleri* existentes, incluindo a mesma região de *N. fowleri* paquistanesa. A transição C>T na localização 31 do rDNA 5.8S também é mostrada (caixa amarela).

4.1.6 RELAÇÕES EVOLUTIVAS COM OUTROS GENES DE *N. FOWLERI*

A análise filogenética das sequências MT726981.1 e MT726226.1 foi efectuada alinhando-as com outras 36 sequências disponíveis *de N. fowleri* baseadas nas regiões ITS-1, 5.8S e ITS-2. De acordo com as idades calculadas dos nós, pensa-se que o isolado de *N. fowleri* das Filipinas, EUA, é o isolado ancestral. Por outro lado, o isolado de *N. fowleri* do Paquistão encontra-se entre os descendentes mais recentes, apresentando uma idade de nó de 7. Além disso, o isolado *de N. fowleri* do Paquistão apresentou uma relação evolutiva fechada com onze outros isolados *de N. fowleri*, incluindo nove da Ásia e três dos EUA [Fig. 4.5].

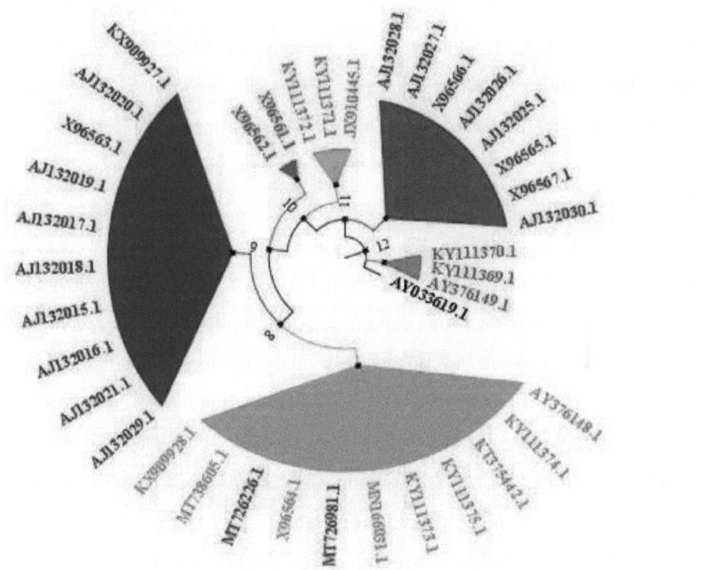

Figura 4.5: Análise filogenética de 38 sequências baseadas nas regiões ITS-1, 5.8S e ITS-2 de *Naegleria Fowleri*, incluindo as do LCR de um doente com PAM (AY-27) e de amostras de água, utilizando o método de construção de árvores de máxima verosimilhança[156] . A imagem foi gerada utilizando o FigTree v1.4.4 .[130]

Em conclusão, verificou-se que *a N. fowleri* era a causa da meningoencefalite naquele doente e a presença simultânea deste organismo na água da torneira da residência do doente confirmou a fonte de infeção. A análise de amostras paralelas de água da torneira revelou a presença de coliformes e um baixo nível de cloro (dados não apresentados). A presença de coliformes indica fortemente a contaminação da água de esgoto, que é um problema comum na nossa cidade. O Karachi Water and Sewerage Board (KWSB) deve tomar urgentemente medidas preventivas, incluindo a cloração adequada e a instalação de condutas de água/esgotos.

Em Karachi, no Paquistão, a PAM continua a ser uma infeção do SNC muito frequente, associada à exposição a água doce quente desde a última década. Com uma população de cerca de 2 milhões de habitantes, Karachi é a maior cidade, o centro industrial, a capital financeira e o centro comercial do Paquistão. As alterações geográficas, especialmente os choques térmicos recorrentes, parecem ser a causa dos surtos de *N. fowleri* nesta cidade. Tendo em conta o início rápido e a elevada taxa de mortalidade desta doença mortal, o diagnóstico precoce é muito importante. Para além disso, os clínicos não devem confundir a PAM com outras meningoencefalites. O presente estudo centrou-se na deteção, isolamento e genotipagem de *N. fowleri* nas amostras de líquido cefalorraquidiano de doentes com meningite provenientes de diferentes laboratórios e hospitais de Karachi. As análises bioquímicas e citológicas não discriminaram a PAM de outros tipos de meningoencefalite. No entanto, a microscopia direta e as análises baseadas na cultura e na PCR confirmaram a PAM num doente. A estratégia de sequenciação do ADN seguida de um alinhamento múltiplo das sequências identificou o genótipo da *N. fowleri* isolada como sendo do tipo 2, o tipo predominante na Ásia. Aqui, pela primeira vez no Paquistão, foi caracterizado o genótipo da *Naegleria fowleri* isolada clinicamente. As nossas intenções futuras incluem a sequenciação do genoma completo da *N. fowleri*, a fim de descodificar os seus potenciais mecanismos patogénicos, de modo a que possam ser identificados novos e eficazes alvos de medicamentos contra este agente patogénico mortal.

4.1.7 GENOMA MITOCONDRIAL *DE N. FOWLERI*:

A sequência do genoma mitocondrial (mitogenoma) da nossa *N. fowleri* clinicamente isolada foi apresentada no GenBank (ID de acesso: MZ461463). É constituída por 49 541 pb (ver anexo III do apêndice). É rico em AT, com um teor de AT de cerca de 74,7% e um teor de GC de apenas 25,3%. Nomeadamente, a composição de bases de toda a sequência do mitogenoma de *N. fowleri* era de 40,36% de timina, 34,4% de adenina, 15,1% de guanina e 10,1% de citosina. O mitogenoma *de N. fowleri* é constituído por um total de 69 genes, incluindo 46 genes codificadores de proteínas, 21 tRNA e 2 rRNAs (Figura 4.6). Entre os genes codificadores de proteínas, 17 são proteínas ribossómicas, incluindo 11 proteínas de subunidade pequena e 6 de subunidade grande. As proteínas da subunidade ribossómica pequena (rps) foram dispostas na cadeia positiva pela seguinte ordem: rps7, rps12, rps2, rps10, rps19, rps3, rps14, rps8, rps11, rps13 e rps4. Do mesmo modo, as proteínas da subunidade ribossómica grande (rpl) foram dispostas na cadeia positiva pela ordem indicada: Rpl11, rpl2, rpl16, rpl14, rpl5 e rpl6. A análise estrutural de todos os ARNt mostrou uma dobra típica do tipo folha de trevo com três braços comuns. Excecionalmente, o tRNA tirosinil (trnY) e o tRNA leucil (trnL2) apresentaram um braço variável adicional nas suas estruturas (Figura 4.7).

Verificou-se que vinte e dois genes codificam diferentes enzimas de fosforilação oxidativa. Outros genes incluem uma cópia do gene tatC que codifica a proteína translocase independente de sec, uma cópia do gene que codifica a subunidade do transportador ABC, uma cópia do gene que codifica a heme liase e quatro ORF que codificam proteínas hipotéticas desconhecidas (quadro 4.3).

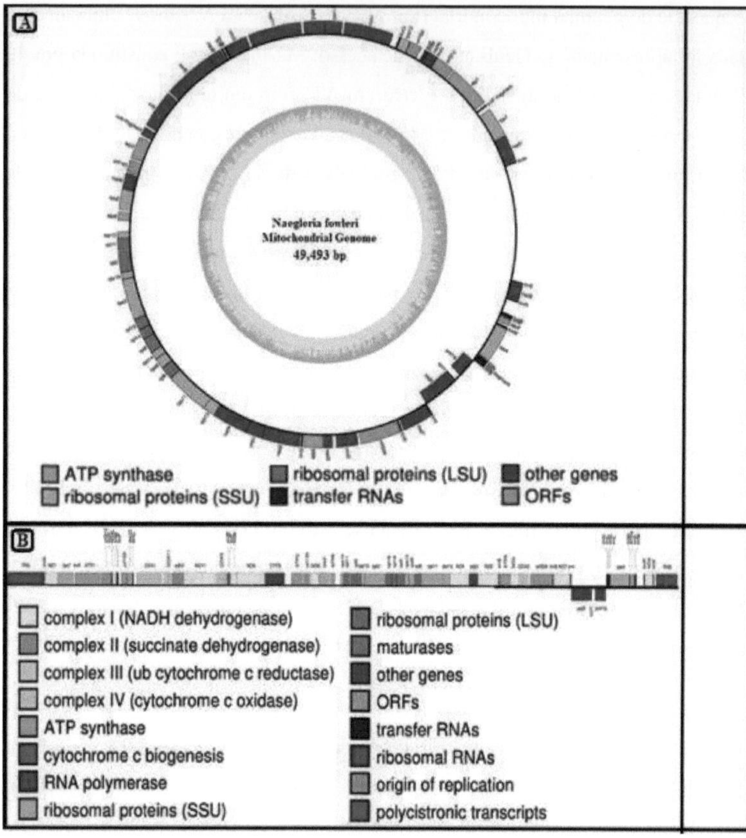

Figura 4.6: Genoma mitocondrial de *N. fowleri* isolado do LCR de um doente paquistanês em representações circulares (A) e lineares (B).

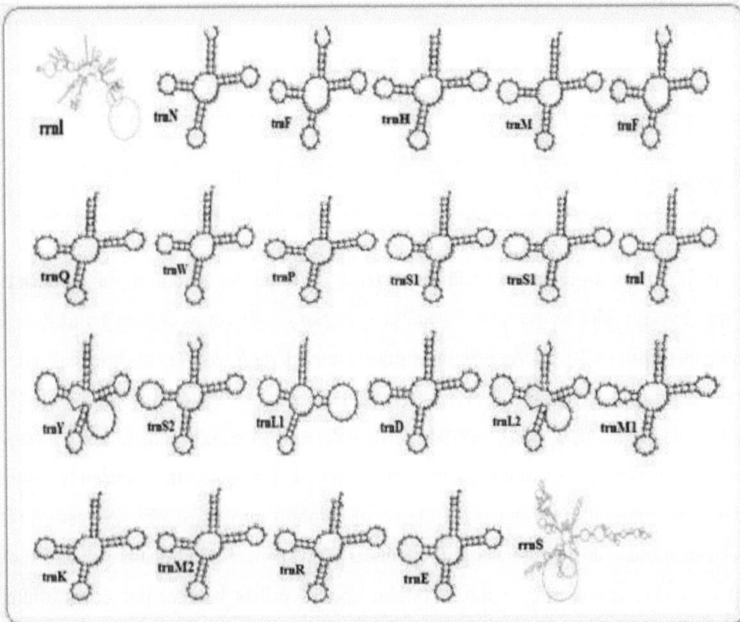

Figura 4.7: Dobras tridimensionais de diferentes ARN ribossómicos e ARN de transferência do genoma mitocondrial de *N. fowleri*

Tabela 4.3: Genes codificadores de proteínas no mitogenoma de *N. fowleri*

Categorias	Subcategorias	Genes
Proteínas ribossómicas (17)	Subunidade pequena (11)	Rps7,rps12, rps2, rps10, rps19, rps3, rps14, rps8,rps11, rps 13,rps4
	Subunidade grande (6)	Rpl11, rpl2, rpl16, rpl14, rpl5,rpl6
Fosforilação oxidativa (22)	NADH desidrogenase (11)	Nad1,nad4L nad11, nad8, nad5, nad6, nad4, nad2, nad3, nad7, nad9
	Ubiquinol:citocromo C oxidoredutase	espiga
	Succinato:ubiquinona oxidoredutase	Sdh2
	Citocromo c oxidase (4)	cox1,cox11,cox3,cox2

	ATP sintase (5)	atp1, atp3, atp8, atp6, atp9
Proteína translocase independente de Sec (1)		tatC
proteína hipotética (4)		orf313,orf164,0rf145,orf504
Transportador ABC (1)		yeju
heme liase (1)		yejR

Foram previstas arquitecturas tridimensionais de todas as proteínas mitocondriais utilizando o servidor Swiss Model para, pelo menos, conhecer as dobras gerais destas proteínas (Figura 4.8). 22 As proteínas mitocondriais *de N. fowleri* codificadas pelos genes nad1, orf312, nad4L, cox1, cox3, nad5, cob, orf145, nad6, atp8, rps14, rps13, nad4, yejU, nad2, atp6, nad3, orf504, yejR, ymf16, rps4 e atp9, mostraram consistir apenas num tipo de estrutura secundária regular, i.e, hélices alfa. Nomeadamente, todas estas proteínas pertencem à classe das dobras proteicas alfa. As estruturas terciárias globais de 5 proteínas mitocondriais *de N. fowleri*, codificadas pelos genes rps12, cox11, rps10, rpl2 e rps3, contêm apenas folhas beta e, por conseguinte, pertencem à classe de estruturas proteicas "tudo-beta". 10 proteínas mitocondriais *de N. fowleri* pertencem à classe alfa+beta de arquitecturas proteicas, incluindo as proteínas codificadas pelos genes rps17, orf164, sdh2, atp3, rpl11, rpl16, rpl14, rps8, rpl6 e nad9. As restantes oito proteínas mitocondriais *de N. fowleri*, codificadas pelos genes atp1, nad11, nad8, nad7, rps2, rpl5, rps11 e cox2, têm uma topologia mista entre hélices alfa e cadeias beta e pertencem à classe de proteínas alfa/beta. O produto do gene rps19 não possui elementos estruturais secundários. Prevê-se que a estrutura tenha apenas elementos estruturais secundários irregulares.

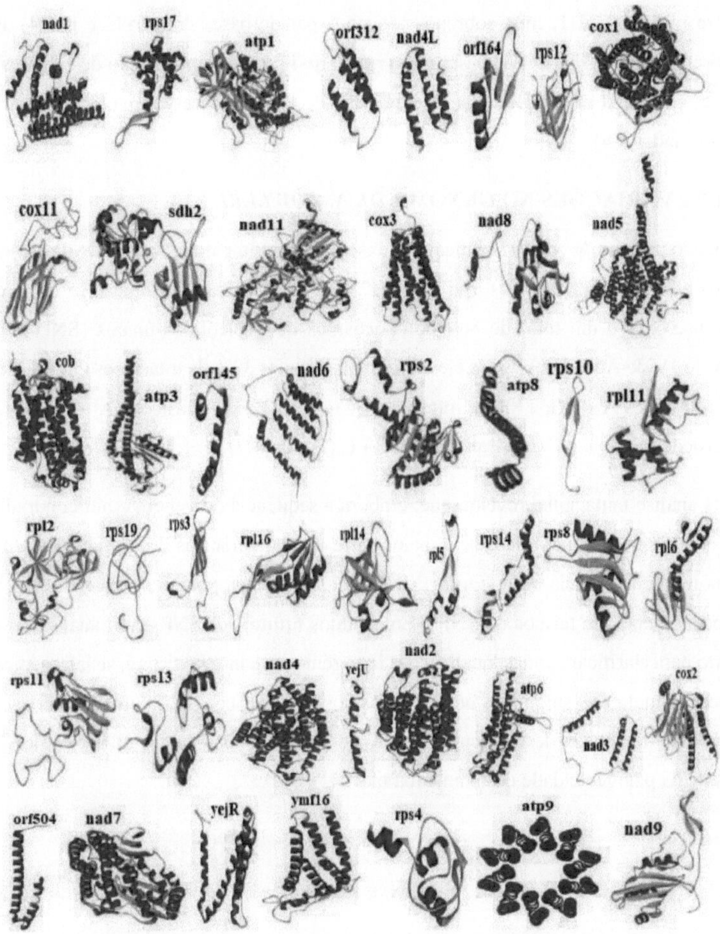

Figura 4.8: Arquitecturas tridimensionais previstas de todas as proteínas codificadas pelo genoma mitocondrial de *N. fowleri*.

4.1.7.1 SOBREPOSIÇÃO DE GENES NO GENOMA DE *N. FOWLERI*:

Verificou-se que o mitogenoma de *N. fowleri* não contém intrões e é compacto, com algumas regiões intergénicas. Foram observadas sete regiões de sobreposição, envolvendo uma sobreposição de 2 pares de bases entre cox3 e trnW, uma sobreposição de 1 par de bases entre nad6 e rps2, uma sobreposição de 4 pares de bases entre rps10 e Rpl11, uma sobreposição de 1 par de bases entre rpl5 e rps14, uma sobreposição de 31 pares de bases entre rpl6 e rps11, uma sobreposição de 11 pares de bases entre rps11 e rps13 e uma sobreposição de 1 par de bases entre os genes nad7 e trnI (quadro 4.4)

4.1.7.2 VARIAÇÕES NO GENOMA *DE N. FOWLERI*:

Quando a nossa *N. fowleri* clinicamente isolada foi comparada com o seu homólogo mais próximo, *N. fowleri* estirpe V511 (KX580902.1), foram registadas 15 deleções, 10 inserções e um total de 869 polimorfismos de nucleótidos únicos (SNPs) (ver Anexo IV do Apêndice). Entre eles, foram observadas 30% de transições C ↔ T, 38% de transições A ↔ G, 11% de transições A ↔ T, 12% de transições A ↔ C, 8% de transições G ↔ T e 1% de transições G ↔ C (Figura 4.7).

Esta análise mutacional revelou que, embora a sequência do genoma mitocondrial da *N. fowleri* paquistanesa partilhe a maior parte das caraterísticas de codificação com o genoma de referência *da N. fowleri* (KX580902.1), ainda possui algumas diferenças, especialmente em termos de SNPs. Em estudos futuros, os SNP serão analisados de perto para clarificar as suas localizações intergénicas ou intragénicas e, se intragénicas, se criam mutações sinónimas ou assínimas nos genes. É necessária uma caraterização genómica detalhada deste agente patogénico para elucidar melhor a base molecular oculta da patogenicidade desta ameoba mortal.

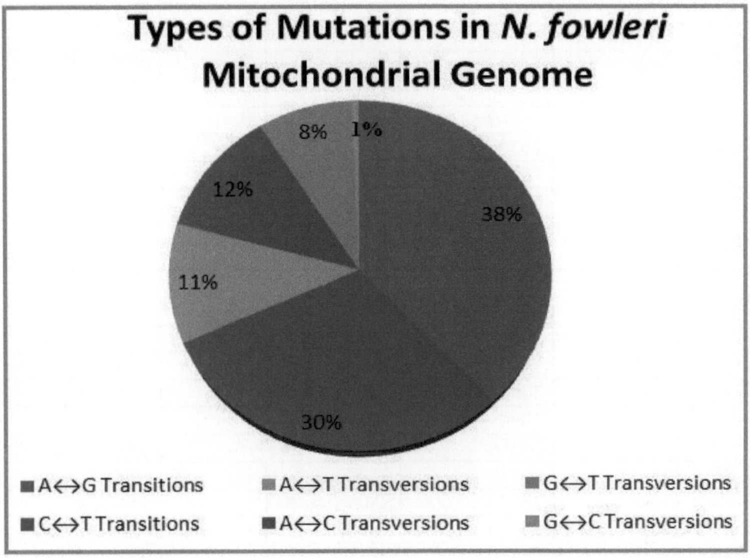

Figura 4.9: Diferentes tipos de mutações no genoma mitocondrial *de N. fowleri*

Tabela 4.4: Anotação genómica *de N. fowleri* que mostra diferentes caraterísticas dos genes

S. #	Nome do gene	Posição inicial	Posição de paragem	Fio	Comprimento
1	rrnl	1	2694	+	2693
2	trnN	2710	2781	+	72
3	nad1	2810	3787	+	978
4	rps7	3788	4942	+	1155
5	trnF	5093	5163	+	71
6	atp1	5250	6902	+	1653
7	orf312	6963	7696	+	735
8	trnH	7713	7783	+	71
9	nad4L	7811	8071	+	261
10	trnM	8090	8162	+	73
11	trnF	8182	8252	+	71
12	orf164	8414	8899	+	486
13	rps12	8902	9288	+	387
14	trnQ	9289	9359	+	71
15	cox1	9612	11513	+	1902

16	cox11	11612	12286	+	675
17	sdh2	12290	13120	+	830
18	nad11	13223	15295	+	2073
19	cox3	15390	16283	+	894
20	trnW	16282	16352	+	71
21	Trnp	16407	16479	+	73
22	nad8	16513	16992	+	480
23	nad5	17004	19007	+	2004
24	Cob	19074	20525	+	1452
25	atp3	21018	21881	+	864
26	orf145	21947	22405	+	459
27	nad6	22454	23059	+	606
28	rps2	23059	23847	+	789
29	atp8	23923	24255	+	333
30	rps10	24670	24912	+	243
31	rpl11	24909	25346	+	438
32	rpl2	25386	26186	+	801
33	rps19	26188	26451	+	264
34	rps3	26457	28004	+	1548
35	rpl16	28006	28431	+	426
36	rpl14	28440	28811	+	372
37	rpl5	28822	29397	+	576
38	rps14	29397	29693	+	297
S. #	**Nome do gene**	**Posição inicial**	**Posição de paragem**	**Fio**	**Comprimento**
39	rps8	29698	30108	+	411
40	rpl6	30118	30634	+	486
41	rps11	30604	32274	+	1671
42	rps13	32264	32728	+	465
43	nad4	32748	34136	+	1389
44	yejU	34137	34784	+	647
45	nad2	34785	36263	+	1479
46	Trns	36303	36377	+	74
47	atp6	36420	37163	+	744
48	nad3	37187	37549	+	363
49	cox2	37689	38546	+	858
50	orf504	38636	40219	+	1584
51	trnS	40243	40316	+	74
52	nad7	40370	41557	+	1188
53	trnI	41557	41629	+	73
54	yejR	41636	43024	+	1389
55	trnY	43056	43138	+	83
56	ymf16	43404	44192	+	789
57	trnS	44289	44370	+	74
58	trnL	44289	44370	+	82

59	trnD	44374	44447	+	74
60	trnL	44555	44535	+	81
61	rps4	44566	45897	+	1332
62	trnM	45905	45976	+	72
63	atp9	46047	46265	+	219
64	trnK	46288	46360	+	73
65	trnM	46367	46438	+	72
66	trnR	46970	47042	+	73
67	nad9	47070	47627	+	588
68	trnE	47662	47734	+	73
69	rrns	47889	49451	+	1563

4.2 PREVALÊNCIA DE *NAEGLERIA SP.* E *N. FOWLERI* EM AMOSTRAS DE ÁGUA DE KARACHI.

Durante os presentes estudos, foram recolhidas 40 amostras de água da torneira de 18 cidades diferentes de Carachi, a fim de detetar a presença de Naegleria spp. especialmente *N. fowleri*. Simultaneamente, a qualidade das amostras de água da torneira foi analisada utilizando diferentes parâmetros físico-químicos e microbianos. O principal objetivo da realização destas análises era examinar a qualidade da água da torneira de diferentes cidades de Carachi.

4.2.1 ANÁLISE FÍSICO-QUÍMICA DE AMOSTRAS DE ÁGUA RECOLHIDAS EM 18 CIDADES DE KARACHI

A avaliação do cloro residual das amostras de água recolhidas revelou ser diversa, ou seja, entre 0,0 e 0,5 mg/L (Tabela 4.5). O valor recomendado pela OMS para o cloro residual na água da torneira é > 0,5 mg/L ou igual a 0,5 mg/L, o que se considera eficaz. Por outro lado, todas as espécies de Naegleria foram detectadas tanto em água clorada (de piscinas e tanques de água) como em água não clorada (de lagos e riachos). Assim, os níveis óptimos de cloro na água não afectam a viabilidade das espécies de Naegleria; continua a existir a possibilidade da presença de *N. fowleri* ou de outras *espécies de Naegleria* relacionadas na água clorada. Por conseguinte, a contaminação por *N. fowleri* da água clorada e não clorada poderia constituir um perigo para a saúde pública .[120]

O pH da água também afecta a atividade antimicrobiana do cloro, pois acima de pH 9,0 o cloro torna-se ineficaz contra os micróbios[137] . Os valores de pH foram medidos para todas as amostras de água da torneira e os valores foram registados entre 7,8 e 8,5 (Figura 4.8); satisfazendo os critérios descritos pela OMS, ou seja, o pH ótimo da água potável deve situar-se num intervalo de 6,5 a 8,5.

Para maximizar a possibilidade de identificar o agente patogénico termofílico, *N. fowleri*, as amostras de água da torneira foram recolhidas na época alta do verão, ou seja, em maio. Todas as amostras de água da torneira indicaram temperaturas obviamente mais elevadas, ou seja, entre 34-38 ◦C. Esta temperatura é considerada óptima para o crescimento de *N. fowleri* patogénica.

4.2.2 ANÁLISE MICROBIANA DE AMOSTRAS DE ÁGUA RECOLHIDAS EM 18 CIDADES DE KARACHI

Recolhemos as amostras de água durante o mês de maio, que é normalmente o mês mais quente do ano; e a maioria dos casos de PAM são registados neste mês. Todos os valores de temperatura das amostras de água variaram entre 34 e 38 °C, ou seja, acima dos limites da OMS (25 °C). A temperatura elevada da água promove o crescimento de *N. fowleri* .[157, 158]

Os indicadores clássicos da qualidade da água que determinam a contaminação fecal das águas de recreio incluem o grupo dos coliformes (coliformes totais, coliformes fecais, *E. coli*), os estreptococos (enterococos, estreptococos fecais) e os formadores de esporos (*Clostridium perfringens*). Foi efectuada uma análise bacteriológica para determinar a presença de coliformes totais, *E. coli* e coliformes fecais na água da torneira fornecida pelo Karachi Water & Sewerage Board (KWSB) em todas as cidades de Carachi. Os coliformes totais, os coliformes fecais e *a E. coli* variaram entre 0 e >100 UFC/100 ml (Figura 4.9). De acordo com as diretrizes da OMS, a água da torneira para consumo humano pode conter coliformes totais, coliformes fecais e *E. coli* com uma contagem <1 UFC/ml. As amostras de água recolhidas em Landhi, Shadman town, Orangi, Phar Ganj, Cliffton e Qasba colony eram de boa qualidade, ou seja, estavam dentro do limite da OMS de <1 UFC/ml. Do total de amostras, 83,7% das amostras de água eram positivas para coliformes totais, coliformes fecais e *E. coli*, com uma contagem de >1 CFU/ml, ou seja, acima dos limites da OMS, pelo que foram registadas como perigosas para consumo. De acordo com o Multiple Indicator Cluster Survey (MICS), em 2014, 74,9% das amostras de água da torneira estavam contaminadas com coliformes totais, coliformes fecais e *E. coli* com contagens de > 1 CFU/mL. O presente estudo denota níveis ainda mais elevados de coliformes presentes na água da torneira][159-160 . Por conseguinte, são urgentemente necessários procedimentos rápidos e eficazes para combater esta alarmante propagação de coliformes no abastecimento de água potável.

Os nossos dados actuais sugerem que, na maioria das localidades da cidade de Carachi, a qualidade da água potável é má no que diz respeito à presença de coliformes, bem como de *Naegleria spp.* incluindo *N. fowleri*. Não foi observada qualquer relação significativa entre a contaminação da água com *espécies de Naegleria* e a presença de coliformes. Para compreender os aspectos reais da doença causada por *N. fowleri*, bem como a ecologia deste agente patogénico, é necessário realizar mais estudos.

Tabela 4.5: Estimativa do nível de cloro livre em amostras de água da torneira de 18 cidades diferentes da cidade de Karachi. As áreas da cidade de Carachi com amostras de água positivas para N. fowleri estão destacadas.

S. No.	Town	Residential Area	Free Cl
1	Baldia town	Baldia	0.0
2	Bin Qasim town	Quaidabad	<0.5
		Steel town	< 0.5
		Ghaghar	0.0
3	Gadap town	Manghopir	< 0.5
		Sohrab goth	<0.5
4	Gulbargh town	F.B area	< 0.5
5	Gulshan town	Gulistan e johar	<0.5
		Gulshan	<0.5
		Isa Naghri	0.0
		Safoora	< 0.5
6	Jamshed town	Akhatr colony	<0.5
		Manzoor	0.5
7	Kemari town	Kemari	0.5
8	Korangi town	Korangi number 2	0.5
		Qayyumabad	0.5
9	Landhi town	Landhi number1	0.5
10	Liaquatabad town	Golimar	< 0.5
11	Lyari town	Lyari	0.0
12	Malir town	Malir	0.0
		Khokhrapar	< 0.5
13	New Karachi town	New Karachi	0.5
		North Karachi	< 0.5
14	North Nazimabad town	Buffer zone	< 0.5
		Hyderi	<0.5
		Nazimabad	< 0.5
		Shadman	0.5
15	Orangi town	Orangi	< 0.5
		Pahar Ganj	< 0.5
16	Saddar town	Saddar	<0.5
		D.H.A	0.5
		Clifton	0.5
17	Shah Faisal town	Shah Faisal colony	<0.5
		Shahrah.e.Faisal	0.5
18	S.I.T.E town	S.I.T.E	0.0
		Banaras	< 0.5
		Qasba	< 0.5
		Metroville	0.5

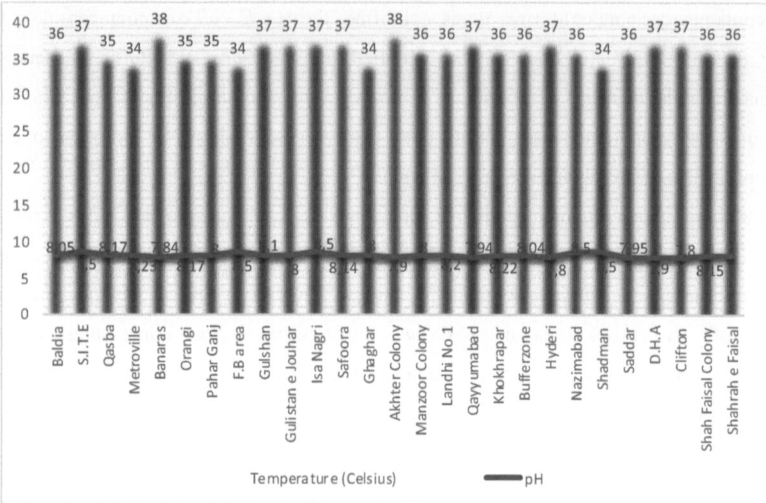

Figura 4.10: Análise dos parâmetros físico-químicos, incluindo a temperatura e o pH das amostras de água da torneira de diferentes cidades de Carachi.

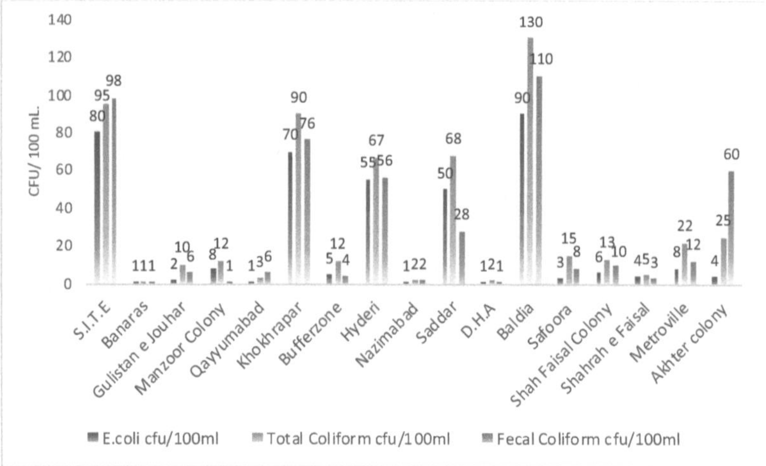

Figura 4.11: Análise microbiana de amostras de água da torneira de diferentes cidades de Carachi

4.2.3 CONCENTRAÇÃO DE ADN EXTRAÍDO POR FLUORÓMETRO QUBIT 2.0 QUBIT.

As concentrações de ADN em todas as amostras de água da torneira foram medidas utilizando o kit de ensaio dsDNA HS em Qubit 2.0, com um limite de deteção de 0,0005 ng μL^{-1}. As concentrações de ADN em todas as amostras de água da torneira situavam-se no intervalo de 0,40-4,31 ng μL^{-1} (figura 4.12). A qualidade e as concentrações de todo o ADN extraído das amostras de água eram aceitáveis para posterior análise molecular ou genómica. Nomeadamente, a concentração de ADN foi mais elevada, ou seja, até 4 ng μL^{-1} ou mais, nas amostras de água da torneira das cidades de Malir, Golimar e Nazimabad. O elevado teor de ADN indica claramente uma elevada carga biológica na água potável destas zonas.

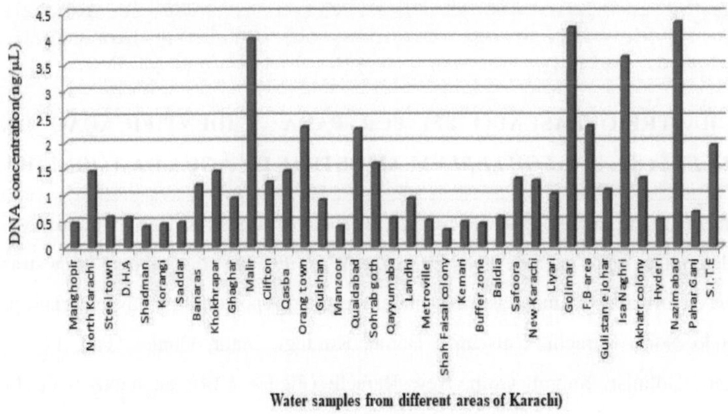

Figura 4.12: Quantificação do ADN com Qubit 2.0

4.2.4 AVALIAÇÃO DA INTEGRIDADE DO ADN eletrónico POR ELECTROFORESE EM GEL DE AGAROSE

As amostras de ADN ambiental extraído (eDNA) foram concentradas e a sua integridade analisada por eletroforese em gel de agarose (Bio-Rad, Hercules, CA, EUA). Só foram detectadas bandas claras, intactas e de elevado peso molecular em seis amostras de água de diferentes cidades de Carachi, a saber, Nazimabad, Quaidabad, Malir, Golimar, Issa Naghri e Orangi Town (figura 4.13).

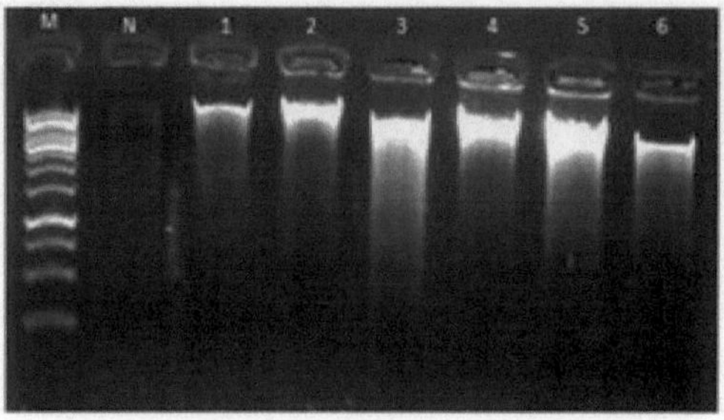

Figura 4.13: Análise do ADN ambiental (eDNA) **por eletroforese em gel de agarose.** Pista M, marcador de 1kb; Pista N, controlo negativo; Pistas 1-6: eDNA da água da torneira de diferentes cidades de Carachi; Nazimabad, Quaidabad, Malir, Golimar, Issa Naghri e Orangi Town.

4.2.5 RASTREIO BASEADO EM PCR PARA A IDENTIFICAÇÃO DE *NAEGLERIA* SP. E *N. FOWLERI* EM AMOSTRAS DE ÁGUA DA TORNEIRA

Foi efectuado um rastreio baseado na PCR de todas as amostras de água da torneira para determinar a presença de *Naegleria* sp. e *N. fowleri*. De um total de 37 amostras de água da torneira, 11 amostras apresentaram resultados positivos para Naegleria spp, incluindo North Karachi, Gulshan e Hadid, Korangi, Malir, Quaid Abad, Liyari, Keemari, Golimar, Sohrab Goth, New Karachi (Figura 4.14); enquanto 9 de 11 amostras de água foram confirmadas quanto à presença de *N. fowleri*, incluindo North Karachi, Manora, Gulshan e Hadid, Malir, Korangi, Liyari, Quaid Abad, Sohrab Goth, Keemari, New Karachi e Golimar (figura 4.15).

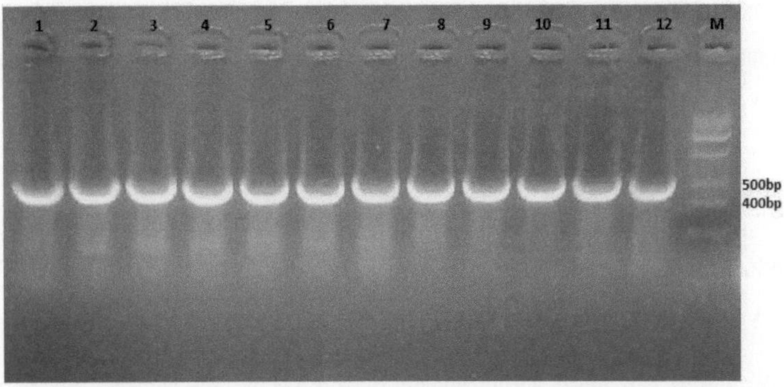

Figura 4.14: Análise de amplicões baseados em primers ITS (430 pb): Pistas 1-12: , North Karachi, Gulshan e Hadid, Korangi, Malir, Quaid Abad, Liyari, Keemari, Golimar, Sohrab Goth, New Karachi e Controlo positivo.

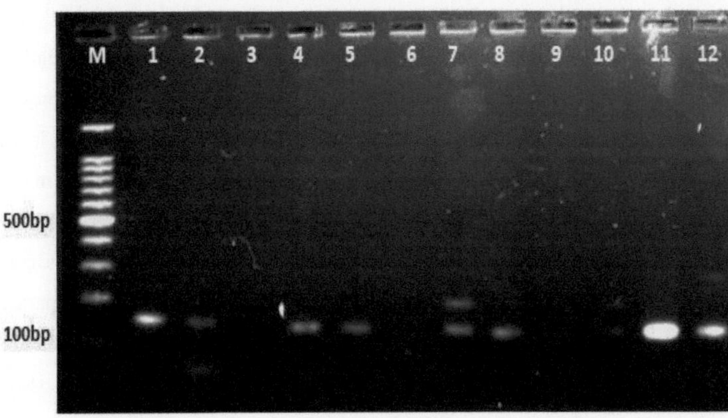

Figura 4.15: Análise de amplicões baseados no iniciador Naegl (153 pb): Pistas 1-12: Controlo positivo, Carachi Norte, Manora, Gulshan e Hadid, Malir, Korangi, Liyari, Quaid Abad, Sohrab Goth, Keemari, New Karachi e Golimar

O presente estudo revelou que, mesmo com concentrações normais de cloro (de acordo com as recomendações da OMS), foram encontrados *Naegleria spp, N. fowleri* e *coliformes* em amostras de água da torneira de 11 zonas diferentes de Carachi. Estes resultados sugerem alguma contaminação por esgotos no abastecimento de água potável nestas zonas. Os níveis normais de colina (de acordo com as recomendações da OMS) revelaram-se ineficazes na eliminação destes micróbios. Trata-se de uma questão muito preocupante e a OMS deve rever os parâmetros físico-químicos da água potável.

4.3 ANÁLISES BIOINFORMÁTICAS ESTRUTURAIS DA ENZIMA CATEPSINA-B *DE N. FOWLERI*, UM IMPORTANTE ALVO DE MEDICAMENTOS

A N. fowleri é o único agente etiológico da PAM no ser humano. Apesar da disponibilidade do projeto de sequência do seu genoma[111] , a base molecular da sua patogenicidade continua a ser uma questão de debate . O organismo invade o SNC através da mucosa nasal e, ao atravessar a placa cribriforme, causa a meningoencefalite caraterística. As moléculas citolíticas são responsáveis pela patogenicidade *da N. fowleri* e são conhecidas por causar a destruição dos nervos e das células do hospedeiro, o que resulta frequentemente em morte[7] . As cisteíno-proteases, especialmente as cisteíno-cafepsinas segregadas pela *N. fowleri*, têm a capacidade de destruir os tecidos do hospedeiro, bem como a sua imunidade[65] . Para além da sua função primária de degradação e catabolismo das proteínas celulares, as cisteína catepsinas estão envolvidas em numerosos processos fisiológicos importantes, como a renovação da MEC, a invasão imunitária, a digestão, a invasão e a fuga dos parasitas, bem como em determinadas patologias, como a artrite reumatoide, a aterosclerose, a leishmaniose, a amebíase e a malária[161-163] . Sendo uma enzima lisossomal, considera-se normalmente que a catepsina B é transportada para os lisossomas pela via do recetor de manose-6-fosfato[164] . Nas células tumorais, esta distribuição da catepsina B é deslocada para a periferia da célula, o que sugere a sua secreção extracelular .[165-169]

Sabe-se que as proteases catepsina-B são diferencialmente expressas e segregadas na fase de trofozoíto *de N. fowleri*, o que sugere a sua importância na sua patogénese. As enzimas catepsina-B *de N. fowleri* têm um papel significativo na progressão do PAM[170] . Tendo em conta o seu papel importante, o presente trabalho centrou-se na análise in silico da sequência de proteínas e na determinação da estrutura tridimensional da catepsina-B *de N. fowleri* e de proteases catepsina-B putativas. A pesquisa na base de dados Uniprot forneceu três sequências de proteínas catepsina-B *de N. fowleri*, incluindo catepsina-B (Uniprot ID; X5D761), catepsina-B putativa (Uniprot ID; M1HE19) e catepsina-B-like (Uniprot ID; X5D911). A estrutura cristalina da Procatepsina-B de rato (PDB ID; 1MIR) foi considerada um modelo ideal comum para a catepsina-B *de N. fowleri* e para a catepsina-B putativa, apresentando 54% e 51% de semelhanças de sequência, respetivamente. No entanto, não foi encontrado um modelo adequado para a proteína semelhante à catepsina B *de N. fowleri* (Uniprot ID; X5D911) no banco de dados de proteínas. Os alinhamentos de sequências de pares baseados na estrutura da catepsina-B e da catepsina-B putativa com o seu modelo comum, ou seja, a procatepsina-B de rato (PDB ID; 1MIR), foram optimizados tendo em conta as estruturas secundárias da proteína e o padrão de conservação na família das proteases catepsina-B (Figura 4.14).

4.3.1 MODELAÇÃO HOMOLÓGICA DA CATEPSINA-B *DE N. FOWLERI* E DAS PROTEASES CATEPSINA-B PUTATIVAS:

Os modelos de homologia da catepsina-B de *N. fowleri* (CatB-M1) e da catepsina-B putativa (CatB-M2) foram construídos utilizando alinhamentos optimizados de sequências de pares (Fig. 4.16A e 4.16B). Ambos os modelos foram considerados de boa qualidade de acordo com diferentes procedimentos de avaliação. As dobras tridimensionais globais da CatB-M1 *de N. fowleri* (Fig. 4.17A e 4.17B) e da CatB-M2 (Fig. 4.17C e 4.17D) foram comparáveis à estrutura cristalina da Procatepsina-B de rato. De acordo com a dobra da procatepsina-B do rato (o modelo), ambos os modelos de catepsina-B *de N. fowleri* mostraram ser compostos por dois domínios distintos: um domínio de folha beta de cinco cadeias e um domínio alfa-hélice com três hélices alfa e uma pequena estrutura de folha beta.

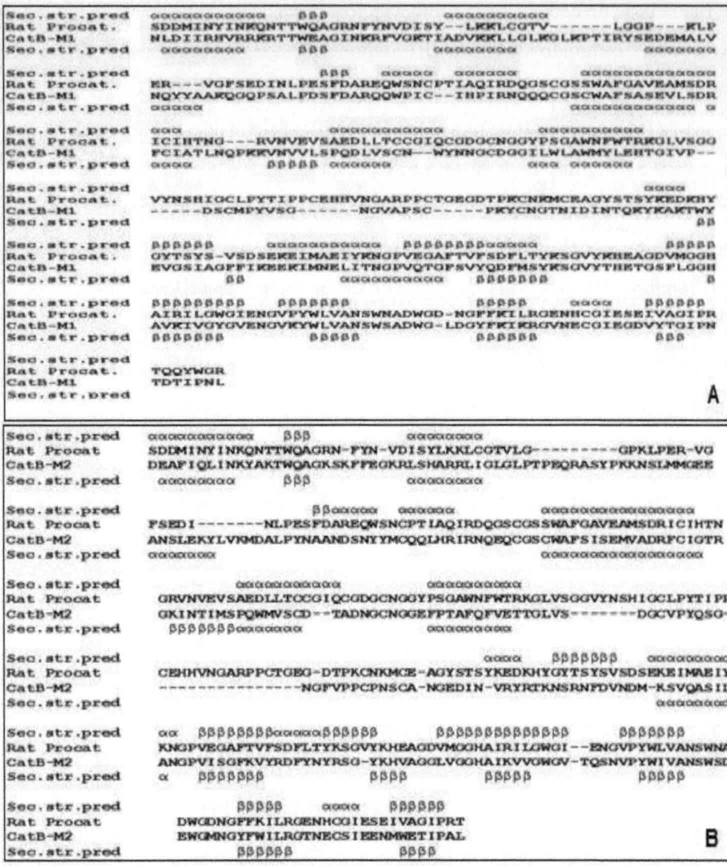

Figura 4.16: Alinhamentos optimizados da sequência de pares da catepsina-B *de N. fowleri* (A) e da catepsina-B putativa (B) com a procatepsina-B do rato (ID PDB; 1MIR)

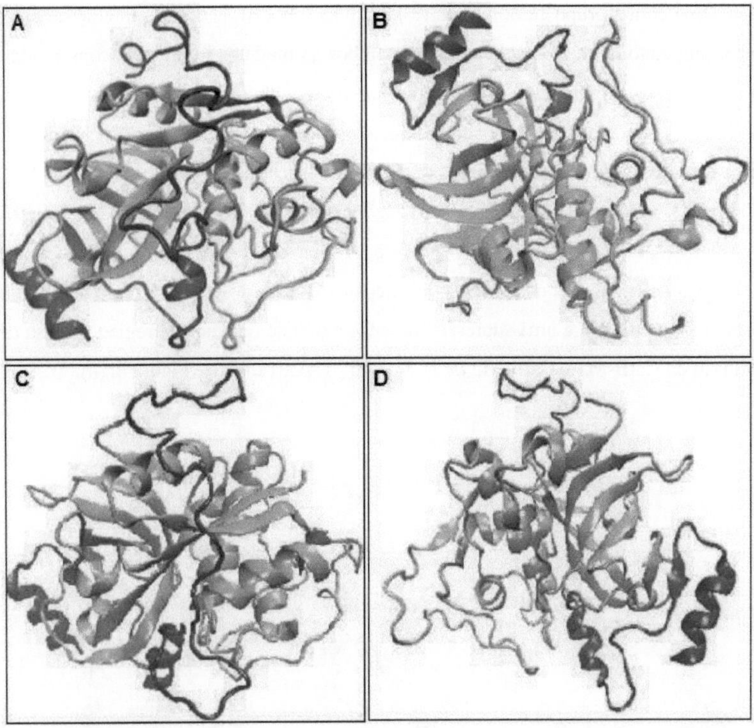

Figura 4.17: Representação em fita de modelos tridimensionais de *N. fowleri* CatB-M1 (A vista frontal e B vista posterior) e CatB-M2 (C vista frontal e D vista posterior). A pró-região é mostrada a vermelho e a roxo em CatB-M1 e CatB-M2, respetivamente.

A pró-região sem qualquer estrutura globular tende a envolver a catepsina-B enquanto interage com três áreas-chave, incluindo a alça de ligação do pró-segmento (PBL), a fenda de ligação do substrato e a fenda da alça de oclusão. As interações do prosegmento e da catepsina-B madura foram analisadas em modelos de catepsina-B *de N. fowleri* e de catepsina-B de rato, selecionando uma área de 5Å em torno dos respectivos prosegmentos (Figura 4.18). O centro da ansa de ligação do pró-segmento (PBL), incluindo Y183 e Y188, forma uma depressão na superfície da catepsina-B. O pró-segmento interage com o PBL através de elemento hair pin que direciona a cadeia β e a hélice α da pró-região para o outro lado do PBL, resultando no posicionamento da cadeia lateral W24 no centro da depressão. A cadeia lateral de W24 forma uma ligação H com o grupo carbonilo do resíduo K189 de PBL. Todas as interações entre o prosegmento *de N. fowleri* e a PBL em ambos os modelos foram bem conservadas, o que sugere uma interação globalmente semelhante da PBL com o prosegmento em ambos os modelos de catepsina-B *de N. fowleri* e na estrutura cristalina da procatepsina-B de rato. Os resíduos da fenda de ligação ao substrato, incluindo G27, C29, G73, G74, W30, Y75, H110, F174, V176, L181, M196, G197, G198, H199, A200 e W221 ligam-se ao prosegmento. Todos os resíduos foram estritamente conservados em ambos os modelos de catepsina B de *N. fowleri*, exceto o H110, que está em falta devido a uma supressão de onze e quinze resíduos na região da ansa de oclusão da CatB-M1 e CatB-M2 *de N. fowleri*, respetivamente (Figura 4.18).

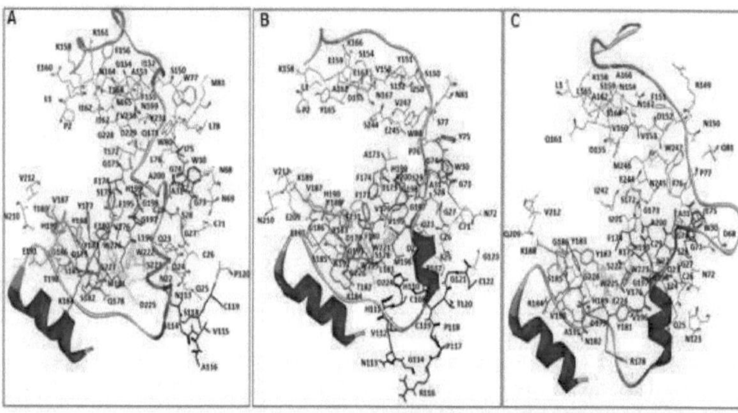

Figura 4.18: Interações da pró-região em CatB-M1 (A), 1MIR (B) e CatB-M2 (C) com as três áreas-chave da catepsina madura, incluindo a ansa de ligação do pró-segmento (cor verde), a fenda de ligação do substrato (cor púrpura) e a fenda da ansa de oclusão (cor preta). Os resíduos que são comuns entre as três regiões são apresentados a vermelho, enquanto os resíduos da parte da base são apresentados a ciano.

Análises pormenorizadas revelaram que as dobras globais da catepsina-B *de N. fowleri* e da catepsina-B putativa, incluindo as suas arquitecturas do sítio ativo da endopeptidase, eram bastante semelhantes com a da procatepsina B do rato, sugerindo um mecanismo de ação semelhante. Três segmentos da catepsina-B madura, ou seja, uma parte da alça de oclusão (108-122), uma parte do PBL e uma alça (221-226) na base, interagem entre si para formar uma fenda. As duas últimas regiões permaneceram conservadas em ambos os modelos. No entanto, alguns resíduos do laço de oclusão envolvidos na formação da fenda não foram encontrados em ambos os modelos. Nomeadamente, os resíduos H110 e H111 (numeração da catepsina B humana[171]) são parte crucial da ansa de oclusão e responsáveis pela atividade da exopeptidase nos eucariotas superiores. A protease catepsina B de *Giardia* não possui a alça de oclusão, o que sugere que a alça foi eliminada ou inserida posteriormente durante o curso da evolução. Estes resultados são consistentes com a hipótese de que as diplomonadas são a linhagem evolutiva eucariótica mais primitiva (Ward et al 1997).

Por conseguinte, existe uma supressão de onze e quinze resíduos na região da ansa de oclusão da catepsina-B e da catepsina-B putativa *de N. fowleri*, respetivamente. Estas deleções, juntamente com os resíduos H110 e H111 em falta, sugerem uma ansa de oclusão curta para a catepsina-B e ainda mais curta na catepsina-B putativa sem atividade de exopeptidase [Figura 4.19]. A supressão da ansa de oclusão elimina a atividade da exopeptidase, mas aumenta a atividade da endopeptidase, bem como a capacidade de os inibidores macromoleculares se ligarem ao local ativo (Illy et al., 1997).

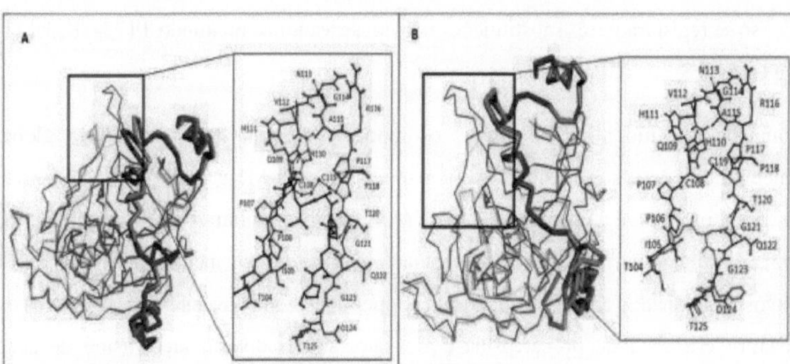

Figura 4.19: Sobreposição de ProcatepsinaB de rato (1MIR) com CatB-M1 (A) e com CatB-M2 (B) de *N. fowleri*. A pró-região do modelo e o modelo são mostrados na representação c alpha stick nas cores verde escuro e ciano, respetivamente. As partes da catepsina B do modelo e dos modelos são apresentadas em representações de fio c-alfa

em azul e cor-de-rosa, respetivamente. Os resíduos da ansa de oclusão do modelo e do modelo são apresentados a castanho e azul, respetivamente, em CatB-M1(A) e a azul e rosa, respetivamente, em CatB-M2(B).

4.3.2 ANÁLISE DO SÍTIO ACTIVO:

A tríade do sítio ativo, ou seja, Cys29-His199-Asp219, foi conservada e observou-se que está localizada na interface do domínio, tal como a procatepsina-B do rato. Foi investigada uma área de 5Å em torno da tríade catalítica e verificou-se que esta era constituída por trinta e seis resíduos de aminoácidos em ambos os modelos (Figura 4.20). Em comparação com a estrutura cristalina da procatepsina B de ratazana, verificou-se que vinte e sete resíduos, incluindo a tríade catalítica da CatB-M1 *de N. fowleri*, estavam estritamente conservados. Seis deles apresentaram substituições conservadoras, incluindo I200 -> V, A173->G, T175->S, R200->K, N222->S e F230->Y. Por outro lado, apenas três substituições não conservadoras estavam presentes, incluindo G23->S, E171->Q e G172->T. Na CatB-M2, vinte e oito resíduos, incluindo a tríade catalítica, mostraram uma conservação rigorosa em comparação com a procatepsina-B de rato. Cinco resíduos do sítio ativo apresentaram substituições conservadoras, incluindo A34 ->I, A173->G, R20->K, N222->S e F177->Y. Por outro lado, só se registaram três substituições não conservadoras, incluindo T175->K, E171->I e G172->S.

A análise do sítio ativo de ambos os modelos revelou uma abundância global semelhante de resíduos do sítio ativo nos modelos CatB-M1 e CatB-M2 *de N. fowleri* em comparação com a procatepsina-B de rato. Aqui, acreditamos que as arquitecturas gerais de ambos os modelos de catepsina-B *de N. fowleri*, incluindo os seus sítios activos relacionados com a atividade de endopeptidase, são bastante semelhantes às da estrutura cristalina da procatepsina-B do rato, sugerindo um mecanismo de ação semelhante. No entanto, devido à ausência de resíduos importantes para a atividade de exopeptidase, especialmente H110 e H111 em ambos os modelos, sugere-se que a catepsina B de *N. fowleri* não possui atividade de exopeptidase.

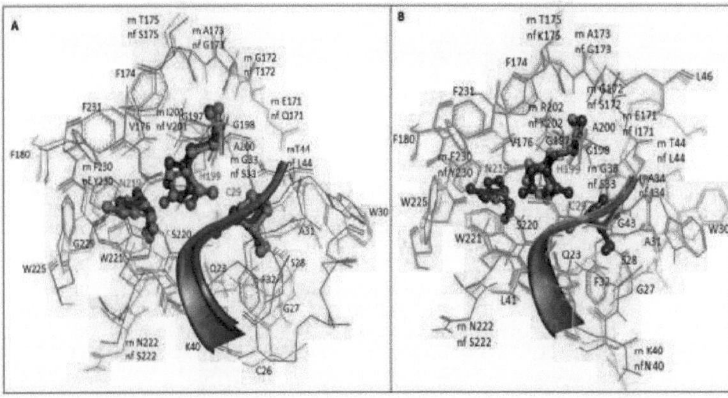

Figura 4.20: Análise dos resíduos do sítio ativo da catepsina B *de N. fowleri* (A) e modelos de homologia da catepsina B putativa (B) após sobreposição. O 1MIR é apresentado em cor verde clara (A) e escura (B), enquanto os resíduos do sítio ativo da CatB-M1 são apresentados em cor-de-rosa (A) e os resíduos do sítio ativo da CatB-M2 são apresentados em cor ciano. A tríade catalítica (C 29, H199 e N 219) é mostrada numa representação em forma de bola e bastão.

4.3.3 LOCALIZAÇÃO DAS PROTEASES CATEPSINA-B *DE N. FOWLERI*:

O alinhamento das sequências múltiplas das proteases catepsina-B humana, do rato e de *N. fowleri* revelou uma conservação rigorosa da tríade catalítica (Figura 4.21). Normalmente, espera-se que a catepsina-B que contém o local de N-glicosilação, ou seja, N38 (numeração da catepsina-B humana[171] , seja transportada para o lisossoma através da via vesicular MPR[163] . No entanto, foram observadas substituições não conservadoras, ou seja, N38->R e N38->A, no local de N-glicosilação da CatB-M1 *de N. fowleri* e da catepsina-B putativa, respetivamente (Figura 4.21). Estas substituições sugerem essencialmente uma distribuição extra-lisossómica das proteases catepsina-B através de um mecanismo alternativo desconhecido em *N. folweri*. Sabe-se que as proteases catepsina-B são diferencialmente expressas e segregadas no estádio de trofozoíto *de N. fowleri*[172] , o que sugere a sua importância na sua patogénese.

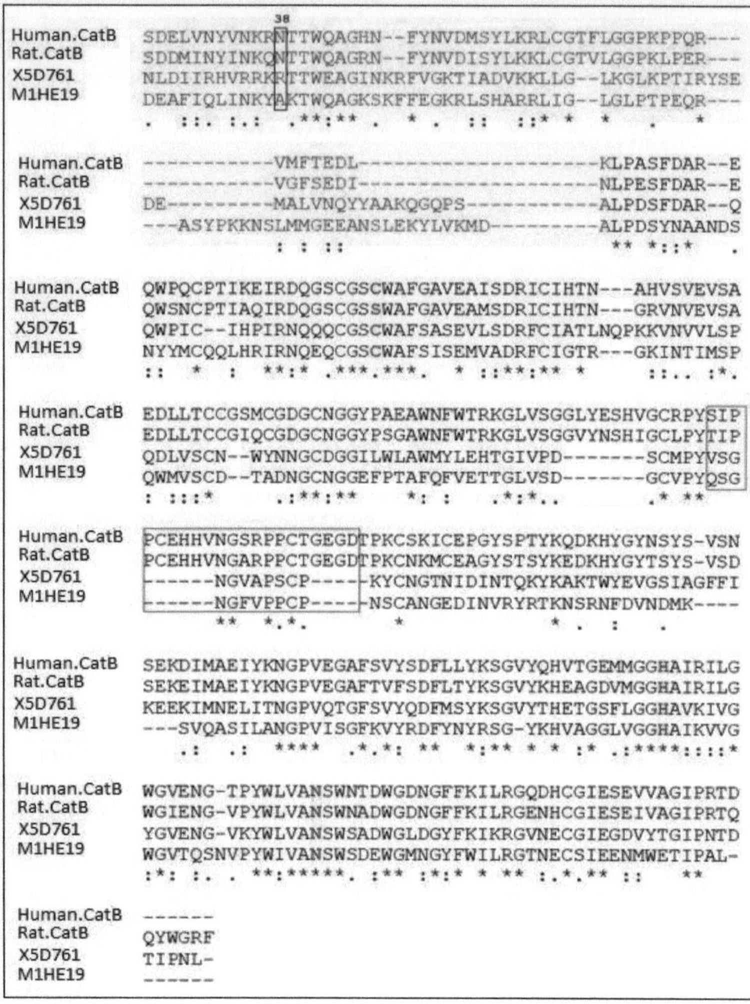

Figura 4.21: Alinhamento de sequências múltiplas das proteases humana, do rato, da catepsina-B *de N. fowleri* (X5D761) e da catepsina-B putativa (M1HE19). Os resíduos de prosegmento são mostrados a vermelho, indicando um local de glicosilação importante. A região da alça de oclusão é mostrada em caixa vermelha, enquanto a tríade catalítica é mostrada em azul.

4.3.4 SIMULAÇÃO DE DINÂMICA MOLECULAR DE TODOS OS ÁTOMOS:

As dobras tridimensionais globais de CatB-M1 e CatB-M2 *de N. fowleri* foram simuladas num ambiente de água explícito durante 100ns de tempo de simulação MD. O desvio dos átomos da espinha dorsal foi examinado pela raiz do desvio quadrático médio (*RMSd*) para confirmar a estabilidade do processo de simulação. O CatB-M1 apresentou um aumento gradual inicialmente a partir de 1Å ao longo do tempo de simulação MD, enquanto o CatB-M2 apresentou inicialmente um aumento drástico do desvio que atingiu 3,9 Å até 18ns, tendo depois apresentado um comportamento consistente e oscilado até 100ns. A curva RMSd mais pequena indica uma estabilidade elevada e vice-versa (Figura 4.22A). As flutuações da raiz quadrada média (*RMSf*) foram analisadas para compreender a flexibilidade de resíduos individuais nos sistemas CatB-M1 e CatB-M2. Os resultados revelaram que o complexo Cat-M1 apresentava uma flutuação local, especialmente no resíduo 100-200, com valores de flutuação do resíduo até 2,5 Å -2,9 Å e 4,3 Å (Figura 4.22B), ao passo que a flutuação desse resíduo era reduzida no complexo CatB-M2, o que constitui uma indicação clara da estabilidade e da rigidez do pró-segmento neste complexo. A análise RMS indica que os pró-segmentos presentes em ambos os modelos apresentaram uma ligação consistente e estável, especialmente no complexo CatB-M2, tal como observado nos resultados RMSd/f. Para apoiar os dados RMS, a distância do carbono alfa entre o péptido e a enzima madura foi também analisada em ambos os modelos. Estes resultados indicaram que o péptido em CatB-M2 se liga fortemente e possui uma elevada afinidade de ligação em comparação com M1 (Figura 4.22C). A análise da população de hidrogénio revelou ainda que, no modelo CatB-M1, o péptido se liga à enzima com afinidade suficiente e apresenta um comportamento consistente ao longo do tempo de simulação MD, enquanto o modelo CatB-M2 apresenta comportamentos dramáticos, incluindo interações HB elevadas entre a enzima e o péptido nos tempos de simulação MD de 1-10ns e 40-70ns (Figura 4.22D). As consequências das flutuações e desvios da espinha dorsal tanto no CatB-M1 como no M2 exigiram uma exploração mais aprofundada no que respeita à compacidade da conformação global. Analisámos também o raio de giração (Rg), que revelou que, no CatB-M2, inicialmente, a compacidade da conformação global era superior à do M1 até 60ns, mas, curiosamente, reduziu-se até 100ns. O CatB-M1 adoptou uma compacidade crescente e decrescente ao longo do tempo de simulação MD (Figura 4.22E). A análise revelou que o complexo CatB-M2 apresentou comportamentos consistentes na conformação global com menor compacidade, o que poderá dever-se à ligação estreita do péptido à enzima.

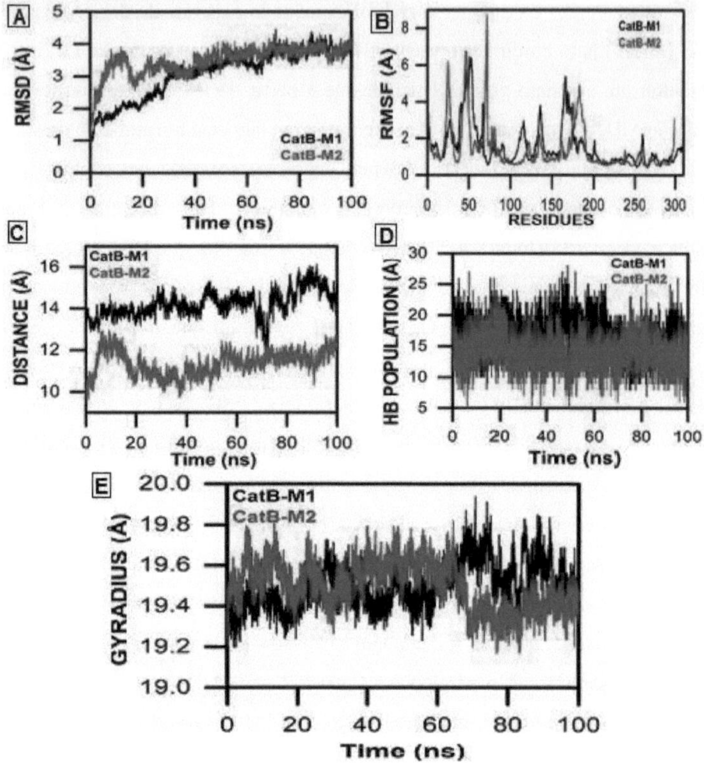

Figura 4.22: Estudos de simulação MD de todos os átomos das proteases catepsina-B (X5D761) e catepsina-B putativa (M1HE19) *de N. fowleri.*

Os estudos de simulação MD confirmaram a ligação estreita do pró-segmento, o seu inibidor natural, com ambos os modelos de catepsina-B madura, sugerindo um papel protetor do pró-segmento contra a degradação proteolítica descontrolada. Além disso, substituições não conservadoras em sítios importantes de N-glicosilação na catepsina-B *de N. fowleri* e na catepsina-B putativa sugeriram a sua secreção extracelular e o seu papel na causa de danos nos tecidos do hospedeiro. Aqui, pela primeira vez, apresentamos as arquitecturas terciárias das proteases de catepsina B *de N. fowleri*, juntamente com a informação sobre o seu sítio ativo e a mecânica do proteótido da catepsina B. Acreditamos que estes dados serão úteis na conceção de novos compostos contra os protozoários mortais e ajudarão os seres humanos a combater o PAM.

CAPÍTULO 5

CONCLUSÃO E INTENÇÕES FUTURAS

5.1 IDENTIFICAÇÃO, GENOTIPAGEM E SEQUENCIAÇÃO DO GENOMA MITOCONDRIAL DE *N.* FOWLERI

A genotipagem molecular do isolado paquistanês *de N. fowleri* não foi efectuada anteriormente. Durante a presente investigação, foram colhidas amostras de líquido cefalorraquidiano de setenta e quatro doentes suspeitos de meningite em diferentes laboratórios e hospitais de Carachi e analisadas com recurso a determinadas análises bioquímicas, citológicas e culturais. Além disso, foram efectuadas análises baseadas na PCR, utilizando iniciadores específicos do género *Naegleria*, bem como iniciadores específicos de *N. fowleri*, para detetar *N. fowleri* nas amostras de líquido cefalorraquidiano. As análises bioquímicas e citológicas não permitiram detetar qualquer achado discreto, uma vez que todas as amostras apresentavam resultados mistos. No entanto, a microscopia direta e as análises baseadas na cultura e na PCR mostraram claramente a presença de *N. fowleri* numa amostra de LCR de um doente. A análise consequente baseada na PCR da água da torneira da sua residência também confirmou a existência de *N. fowleri*. As sequências de nucleótidos dos amplificadores baseados em primers ITS das amostras de LCR e de água de ambos os doentes foram submetidas ao GenBank com os números de acesso MT726981.1 e MT726226.1, respetivamente. De acordo com a análise filogenética, pensa-se que o isolado de *N. fowleri* das Filipinas, EUA, é o isolado ancestral. Por outro lado, o isolado de *N. fowleri* do Paquistão apresentou a menor idade de nó de 7, o que sugere que o isolado de *N. fowleri* do Paquistão é um dos descendentes mais recentes, ou seja, evoluiu mais tarde na vida. A análise da sequência de amplicons baseados em primers ITS do isolado de *N. fowleri* do Paquistão revelou que o genótipo da *N. fowleri* do Paquistão é do "tipo 2". Não existia ainda qualquer informação anterior sobre o genótipo da *N. fowleri* paquistanesa. Aqui, pela primeira vez no Paquistão, foi identificado o genótipo *da N. fowleri*.

A sequenciação e a análise do genoma mitocondrial revelaram que o genoma mitocondrial da *N. fowleri* é constituído por 49 525 pb. Em comparação com a sequência de referência do genoma mitocondrial *da N. fowleri* (KX580902.1), o nosso genoma mitocondrial *de N. fowleri* isolado clinicamente apresenta 15 delecções, 33 inserções e 669 SNP. A análise mutacional descobriu certas modificações na sequência do genoma mitocondrial de Pakistani *N. fowleri* islate. É necessária uma análise mais aprofundada destes SNP para delinear a sua natureza intergénica ou intragénica (sinónima ou assínima). Em conclusão, a caraterização mitogenómica detalhada *da N. fowleri* é um pré-requisito para desvendar a sua base molecular oculta de patogenicidade.

5.2 PREVALÊNCIA DE *NAEGLERIA SP.* E *N. FOWLERI* EM AMOSTRAS DE ÁGUA DE KARACHI.

Durante os presentes estudos, foi avaliada a presença de *N. fowleri* em amostras de água da torneira de diferentes cidades de Carachi, para além das análises físico-químicas e microbianas típicas. Quase 83,7% das amostras de água da torneira eram positivas para coliformes totais, coliformes fecais e *E. coli*, apresentando uma contagem de >1 CFU/ml, ou seja, acima dos limites da OMS, pelo que foram registadas como perigosas para consumo. Por conseguinte, são urgentemente necessários procedimentos rápidos e eficazes para combater esta alarmante propagação de coliformes no abastecimento de água potável. Do total, 11 amostras de água da torneira revelaram a existência de Naegleria spp. Enquanto que 9 amostras de água da torneira foram consideradas positivas para o agente patogénico mortal, *N. fowleri.* Os nossos dados actuais sugerem que, na maioria das localidades da cidade de Carachi, a qualidade da água potável é má no que diz respeito à presença de coliformes, bem como de *Naegleria spp.* incluindo *N. fowleri.* Além disso, não foi observada qualquer relação significativa entre a contaminação da água da torneira com *espécies de Naegleria* e a presença de coliformes. Para compreender os aspectos reais da doença causada por *N. fowleri*, bem como a ecologia deste agente patogénico, é necessário realizar mais estudos.

5.3 ANÁLISES BIOINFORMÁTICAS ESTRUTURAIS DA ENZIMA CATEPSINA-B *DE N. FOWLERI*, UM IMPORTANTE ALVO DE MEDICAMENTOS:

Acredita-se que as enzimas catepsina-B de N. fowleri são potenciais alvos de medicamentos, uma vez que desempenham um papel importante na patogénese de *N. fowleri*. Apesar da sua grande importância, as dobras tridimensionais globais das enzimas catepsina-B *de N. fowleri* continuam por caraterizar. O presente estudo teve como objetivo a análise das sequências e a caraterização estrutural de importantes enzimas catepsina-B *de N. fowleri* utilizando ferramentas in silico modernas. Análises detalhadas revelaram que, apesar de ter uma arquitetura significativa semelhança com a catepsina-B de rato, o modelo, a catepsina-B *de N. fowleri* apresentou uma grande supressão de onze e quinze resíduos, respetivamente, nas suas regiões de alça de oclusão, sugerindo uma alça de oclusão curta para estas enzimas. A eliminação parcial ou completa da ansa de oclusão elimina a atividade da exopeptidase; no entanto, aumenta simultaneamente a atividade da endopeptidase da catepsina-B, bem como a afinidade dos inibidores macromoleculares para o local ativo. Os estudos de simulação MD confirmaram a ligação mais estreita dos pró-segmentos com as respectivas enzimas catepsina-B. Além disso, foi observada a substituição de aminoácidos de um importante local de N-glicosilação, que se crê afetar o direcionamento da catepsina-B para o interior da célula e torná-la disponível no ambiente extracelular.

O presente estudo sugere que as enzimas catepsina-B *de N. fowleri* têm uma elevada atividade de endopeptidase. Quando estas enzimas catepsina-B se encontram no interior da célula, são mantidas inactivas através de uma ligação mais estreita dos seus pró-peptídeos. Devido a uma mutação importante do local de N-glicosilação, estas enzimas são segregadas no ambiente extracelular através de uma estratégia de processamento pós-tradução alternativa ainda desconhecida. Uma vez fora da célula, as enzimas atingem a sua forma totalmente ativa através da clivagem dos seus segmentos pró-peptídicos e tornam-se desastrosas para o tecido hospedeiro. As dobras tridimensionais globais das enzimas catepsina-B *de N. fowleri*, incluindo as informações sobre o sítio ativo e o sítio de ligação do pró-peptídeo, seriam úteis para descobrir novos candidatos a medicamentos contra *N. fowleri*.

5.4 INTENÇÕES FUTURAS

5.4.1 As proteínas mitocondriais importantes serão submetidas a um rastreio in silico utilizando estudos de acoplamento molecular e de simulação MD, a fim de obter novas moléculas medicamentosas contra a *N. fowleri.*

5.4.2 Será realizada a sequenciação do ADN de todo o genoma *da N. fowleri*, a fim de delinear melhor a base molecular da sua patogenicidade.

5.4.3 Para além dos genomas nuclear e mitocondrial, sabe-se que *a N. fowleri* contém até quatro mil plasmídeos. A sequenciação do ADN dos plasmídeos *de N. fowleri* será também efectuada para explorar a diversidade genética desta ameba mortal.

REFERÊNCIAS

[1] G. S. Visvesvara, H. Moura, e F. L. Schuster, "Pathogenic and opportunistic free-living amoebae: Acanthamoeba spp., Balamuthia mandrillaris, Naegleria fowleri, and Sappinia diploidea," *FEMS Immunol Med Microbiol,* vol. 50, no. 1, pp. 1-26, Jun 2007.

[2] H. Trabelsi, F. Dendana, A. Sellami, H. Sellami, F. Cheikhrouhou, S. Neji, F. Makni, e A. Ayadi, "Pathogenic free-living amoebae: epidemiology and clinical review," *Pathol Biol (Paris),* vol. 60, no. 6, pp. 399-405, Dez 2012.

[3] F. C. Page, "Taxonomic criteria for limax amoebae, with descriptions of 3 new species of Hartmannella and 3 of Vahlkampfia," *J Protozool,* vol. 14, no. 3, pp. 499-521, Aug 1967.

[4] F. L. Schuster and G. S. Visvesvara, "Amebae and ciliated protozoa as causal agents of waterborne zoonotic disease," *Vet Parasitol,* vol. 126, no. 1-2, pp. 91-120, Dec 9 2004.

[5] J. E. Strassmann e L. Shu, "Ancient bacteria-amoeba relationships and pathogenic animal bacteria", *PLoS Biol,* vol. 15, no. 5, p. e2002460, maio de 2017.

[6] C. Siripanth, "Amebae Amphizoic: pathogenic free-living protozoa; review of the literature and review of cases in Thailand," *J Med Assoc Thai,* vol. 88, no. 5, pp. 701-7, maio de 2005.

[7] E. Grace, S. Asbill, and K. Virga, "Naegleria fowleri: pathogenesis, diagnosis, and treatment options," *Antimicrob Agents Chemother,* vol. 59, no. 11, pp. 6677-81, Nov 2015.

[8] H. Garcia, H. Tanowitz, O. J. N. Del Brutto, e T. Neurology, "Immunodiagnosis of CNS parasitic infections," p. 23, 2013.

[9] J.R. Cope, J. Landa, H. Nethercut, S. A. Collier, C. Glaser, M. Moser, R. Puttagunta, J. S. Yoder, I. K. Ali, e S. L. Roy, "The Epidemiology and Clinical Features of Balamuthia mandrillaris Disease in the United States, 1974-2016," *Clin Infect Dis,* vol. 68, no. 11, pp. 1815-1822, 17 de maio de 2019.

[10] M. Clarke, A. J. Lohan, B. Liu, I. Lagkouvardos, S. Roy, N. Zafar, C. Bertelli, C. Schilde, A. Kianianmomeni, T. R. Bürglin, C. Frech, B. Turcotte, K. O. Kopec, J. M. Synnott, C. Choo, I. Paponov, A. Finkler, C .S. Heng Tan, A. P. Hutchins, T. Weinmeier, T. Rattei, J. S. Chu, G. Gimenez, M. Irimia, D. J. Rigden, D. A. Fitzpatrick, J. Lorenzo-Morales, A. Bateman,C. H. Chiu, P. Tang, P. Hegemann, H. Fromm, D. Raoult, G. Greub, D. Miranda-Saavedra, N. Chen, P. Nash, M. L. Ginger, M. Horn, P. Schaap, L. Caler e B. J. Loftus, "Genome of Acanthamoeba castellanii highlights extensive lateral gene transfer and early evolution of tyrosine kinase signaling," *Genome Biol,* vol. 14, no. 2, p. R11, Feb 1 2013.

[11] J. F. De Jonckheere, "Origin and evolution of the worldwide distributed pathogenic amoeboflagellate Naegleria fowleri," *Infect Genet Evol,* vol. 11, no. 7, pp. 1520-8, Out. 2011.

[12] D. R. Stothard, J. M. Schroeder-Diedrich, M. H. Awwad, R. J. Gast, D. R. Ledee, S. Rodriguez-Zaragoza, C. L. Dean, P. A. Fuerst, e T. J. Byers, "The evolutionary history of the genus Acanthamoeba and the identification of eight new 18S rRNA gene sequence types," *J Eukaryot Microbiol,* vol. 45, no. 1, pp. 45-54, Jan-Fev 1998.

[13] L. K. Fritz-Laylin, S. E. Prochnik, M. L. Ginger, J. B. Dacks, M. L. Carpenter, M. C. Field, A. Kuo, A. Paredez, J. Chapman, J. Pham, S. Shu, R. Neupane, M. Cipriano, J. Mancuso,

H. Tu, A. Salamov, E. Lindquist, H. Shapiro, S. Lucas, I. V. Grigoriev, W. Z. Cande, C. Fulton, D. S. Rokhsar, e S. C. Dawson, "The genome of Naegleria gruberi illuminates early eukaryotic versatility," *Cell,* vol. 140, no. 5, pp. 631-42, 5 de março de 2010.

[14] S. M. Adl, A. G. Simpson, M. A. Farmer, R. A. Andersen, O. R. Anderson, J. R. Barta, S. S. Bowser, G. Brugerolle, R. A., Fensome, S. Fredericq, T. Y. James, S. Karpov, P. Kugrens, J. Krug, C. E. Lane, L. A. Lewis, J. Lodge, D. H. Lynn, D. G. Mann, R. M. McCourt, L. Mendoza, O. Moestrup, S. E. Mozley-Standridge, T. A. Nerad, C. A. Shearer, A. V. Smirnov, F. W. Spiegel, e M. F. Taylor, "The new higher level classification of eukaryotes with emphasis on the taxonomy of protists," *J Eukaryot Microbiol,* vol. 52, no. 5, pp. 399-451, Set-Out 2005.

[15] D. MacLean, J. D. Jones, e D. J. Studholme, "Application of 'next-generation' sequencing technologies to microbial genetics," *Nat Rev Microbiol,* vol. 7, no. 4, pp. 287-96, abril de 2009.

[16] B.B. Gelman, S. J. Rauf, R. Nader, V. Popov, J. Borkowski, G. Chaljub, H. W. Nauta, e G. S. Visvesvara, "Amoebic encephalitis due to Sappinia diploidea," *Jama,* vol. 285, no. 19, pp. 2450-1, 16 de maio de 2001.

[17] T. M. Ly e H. E. Müller, "Ingested Listeria monocytogenes survive and multiply in protozoa," *J Med Microbiol,* vol. 33, no. 1, pp. 51-4, Sep 1990.

[18] S. Thom, D. Warhurst, e B. S. Drasar, "Association of Vibrio cholerae with fresh water amoebae," *J Med Microbiol,* vol. 36, no. 5, pp. 303-6, maio de 1992.

[19] G. J. Puzon, H. C. Miller, N. Malinowski, T. Walsh, e M. J. Morgan, "Naegleria fowleri in drinking water distribution systems," *Current Opinion in Environmental Science & Health,* vol. 16, pp. 22-27, 2020/08/01/ 2020.

[20] M. S. Swanson e B. K. Hammer, "Legionella pneumophila pathogesesis: a fateful journey from amoebae to macrophages," *Annu Rev Microbiol,* vol. 54, pp. 567-613, 2000.

[21] M. Jahangeer, Z. Mahmood, N. Munir, U. E. Waraich, I. M. Tahir, M. Akram, S. M. Ali Shah, A. Zulfqar e R. Zainab, "Naegleria fowleri: Sources of infection, pathophysiology, diagnosis, and management; a review," *Clin Exp Pharmacol Physiol,* vol. 47, no. 2, pp. 199-212, Feb 2020.

[22] L. L. Zhang, M. Wu, B. C. Hu, H. L. Chen, J. R. Pan, W. Ruan e L. N. Yao, "Identification and molecular typing of Naegleria fowleri from a patient with primary amebic meningoencephalitis in China", *Int J Infect Dis,* vol. 72, pp. 28-33, Jul 2018.

[23] L. G. Capewell, A. M. Harris, J. S. Yoder, J. R. Cope, B. A. Eddy, S. L. Roy, G. S. Visvesvara, L. M. Fox e M. J. Beach, "Diagnóstico, curso clínico e tratamento da meningoencefalite amebiana primária nos Estados Unidos, 1937-2013", *J Pediatric Infect Dis Soc,* vol. 4, no. 4, pp. e68-75, Dez 2015.

[24] M. Martínez-Castillo, R. Cárdenas-Zúñiga, D. Coronado-Velázquez, A. Debnath, J. Serrano-Luna e M. Shibayama, "Naegleria fowleri after 50 years: is it a neglected pathogen?", *J Med Microbiol,* vol. 65, n.º 9, pp. 885-896, Set 2016.

[25] J. L. Griffin, "Temperature tolerance of pathogenic and nonpathogenic free-living amoebas," *Science,* vol. 178, no. 4063, pp. 869-70, 24 de novembro de 1972.

[26] K. L. Han, H. J. Lee, M. H. Shin, H. J. Shin, K. I. Im, e S. J. Park, "The involvement of an integrin-like protein and protein kinase C in amoebic adhesion to fibronectin and amoebic cytotoxicity," *Parasitol Res,* vol. 94, no. 1, pp. 53-60, Sep 2004.

[27] T. Brown, "Observations by light microscopy on the cytopathogenicity of Naegleria fowleri in mouse embryo-cell cultures," *J Med Microbiol,* vol. 11, no. 3, pp. 249-59, Aug 1978.

[28] F. M. Marciano-Cabral, M. Patterson, D. T. John, e S. G. Bradley, "Cytopathogenicity of Naegleria fowleri and Naegleria gruberi for established mammalian cell cultures," *J Parasitol,* vol. 68, no. 6, pp. 1110-6, Dez. 1982.

[29] F. M. Marciano-Cabral e D. E. Fulford, "Cytopathology of pathogenic and nonpathogenic Naegleria species for cultured rat neuroblastoma cells," *Appl Environ Microbiol,* vol. 51, no. 5, pp. 1133-7, maio de 1986.

[30] D. M. Lowrey and J. McLaughlin, "Activation of a heat-stable cytolytic protein associated with the surface membrane of Naegleria fowleri," *Infect Immun,* vol. 50, no. 2, pp. 478-82, Nov 1985.

[31] D. M. Toney e F. Marciano-Cabral, "Alterations in protein expression and complement resistance of pathogenic Naegleria amoebae," *Infect Immun,* vol. 60, no. 7, pp. 2784-90, Jul 1992.

[32] A. E. Fritzinger, D. M. Toney, R. C. MacLean, e F. Marciano-Cabral, "Identification of a Naegleria fowleri membrane protein reactive with anti-human CD59 antibody," *Infect Immun,* vol. 74, no. 2, pp. 1189-95, Feb 2006.

[33] D. M. Toney e F. Marciano-Cabral, "Membrane vesiculation of Naegleria fowleri amoebae as a mechanism for resisting complement damage," *J Immunol,* vol. 152, no. 6, pp. 2952-9, Mar 15 1994.

[34] R. Herbst, C. Ott, T. Jacobs, T. Marti, F. Marciano-Cabral, e M. Leippe, "Pore-forming polypeptides of the pathogenic protozoon Naegleria fowleri," *J Biol Chem,* vol. 277, no. 25, pp. 22353-60, Jun 21 2002.

[35] H. Matsuo, J. Chevallier, N. Mayran, I. Le Blanc, C. Ferguson, J. Fauré, N.S. Blanc, S. Matile, J. Dubochet, R. Sadoul, R. G. Parton, F. Vilbois, e J. Gruenberg, "Role of LBPA and Alix in multivesicular liposome formation and endosome organization," *Science,* vol. 303, no. 5657, pp. 531-4, 23 de janeiro de 2004.

[36] F. L. Schuster, "Cultivation of pathogenic and opportunistic free-living amebas," *Clin Microbiol Rev,* vol. 15, no. 3, pp. 342-54, Jul 2002.

[37] N. Gustavo dos Santos, "Fatal primary amebic meningoencephalitis. A retrospective study in Richmond, Virginia," *Am J Clin Pathol,* vol. 54, no. 5, pp. 737-42, Nov 1970.

[38] M. Fowler e R. F. Carter, "Acute pyogenic meningitis probably due to Acanthamoeba sp.: a preliminary report," *Br Med J,* vol. 2, no. 5464, pp. 740-2, 25 de setembro de 1965.

[39] C. G. Butt, "Primary amebic meningoencephalitis," *N Engl J Med,* vol. 274, no. 26, pp. 1473-6, 30 de junho de 1966.

[40] F. Marciano-Cabral and G. A. Cabral, "The immune response to Naegleria fowleri amebae and pathogenesis of infection," *FEMS Immunol Med Microbiol,* vol. 51, no. 2, pp. 243-59, Nov 2007.

[41] F. L. Schuster e G. S. Visvesvara, "Opportunistic amoebae: challenges in prophylaxis and treatment," *Drug Resist Updat,* vol. 7, no. 1, pp. 41-51, Feb 2004.

[42] A. J. Martinez e G. S. Visvesvara, "Free-living, amebas anfizóides e oportunistas," *Brain Pathol,* vol. 7, no. 1, pp. 583-98, Jan 1997.

[43] M. Pélandakis e P. Pernin, "Use of multiplex PCR and PCR restriction enzyme analysis for detection and exploration of the variability in the free-living amoeba Naegleria in the environment," *Appl Environ Microbiol,* vol. 68, no. 4, pp. 2061-5, Abr 2002.

[44] F. L. Réveiller, P. A. Cabanes, e F. Marciano-Cabral, "Development of a nested PCR assay to detect the pathogenic free-living amoeba Naegleria fowleri," *Parasitol Res,* vol. 88, no. 5, pp. 443-50, maio de 2002.

[45] M. Schild, C. Gianinazzi, B. Gottstein, and N. Müller, "PCR-based diagnosis of Naegleria sp. infection in formalin-fixed and paraffin-embedded brain sections," *J Clin Microbiol,* vol. 45, no. 2, pp. 564-7, Feb 2007.

[46] J. S. Seidel, P. Harmatz, G. S. Visvesvara, A. Cohen, J. Edwards, e J. Turner, "Successful treatment of primary amebic meningoencephalitis," *N Engl J Med,* vol. 306, no. 6, pp. 346-8, Feb 11 1982.

[47] G. S. Visvesvara e C. S. Callaway, "Light and electron microsopic observations on the pathogenesis of Naegleria fowleri in mouse brain and tissue culture," *J Protozool,* vol. 21, no. 2, pp. 239-50, maio de 1974.

[48] J. H. Kim, D. Kim, e H. J. Shin, "Contact-independent cell death of human microglial cells due to pathogenic Naegleria fowleri trophozoites," *Korean J Parasitol,* vol. 46, no. 4, pp. 217-21, Dez. 2008.

[49] T. Brown, "Observations by immunofluorescence microscopy and electron microscopy on the cytopathogenicity of Naegleria fowleri in mouse embryo-cell cultures," *J Med Microbiol,* vol. 12, no. 3, pp. 363-71, Aug 1979.

[50] M. S. Cho, S. Y. Jung, S. Park, K. H. Kim, H. I. Kim, S. Sohn, H. J. Kim, K. I. Im, e H. J. Shin, "Immunological characterizations of a cloned 13.1-kilodalton protein from pathogenic Naegleria fowleri," *Clin Diagn Lab Immunol,* vol. 10, no. 5, pp. 954-9, Sep 2003.

[51] K. J. Song, K. H. Song, B. K. Na, J. H. Kim, D. Kwon, S. Park, J. H. Pak, K. I. Im, e H. J. Shin, "Molecular cloning and characterization of a cytosolic heat shock protein 70 from Naegleria fowleri," *Parasitol Res,* vol. 100, no. 5, pp. 1083-9, abril de 2007.

[52] H. J. Sohn, J. H. Kim, M. H. Shin, K. J. Song e H. J. Shin, "O gene Nf-actin é um fator importante para a formação de copos de comida e citotoxicidade da Naegleria fowleri patogénica", *Parasitol Res,* vol. 106, no. 4, pp. 917-24, Mar 2010.

[53] K. J. Song, K. H. Song, J. H. Kim, H. J. Sohn, Y. J. Lee, C. E. Park, e H. J. Shin, "Heat shock protein 70 of Naegleria fowleri is important fator for proliferation and in vitro cytotoxicity," *Parasitol Res,* vol. 103, no. 2, pp. 313-7, Jul 2008.

[54] S. R. Jeong, S. Y. Kang, S. C. Lee, K. J. Song, K. I. Im, e H. J. Shin, "Decreasing effect of an anti-Nfa1 polyclonal antibody on the in vitro cytotoxicity of pathogenic Naegleria fowleri," *Korean J Parasitol,* vol. 42, no. 1, pp. 35-40, Mar 2004.

[55] S. R. Jeong, S. C. Lee, K. J. Song, S. Park, K. Kim, M. H. Kwon, K. I. Im, e H. J. Shin, "Expression of the nfa1 gene cloned from pathogenic Naegleria fowleri in

nonpathogenic N. gruberi enhances cytotoxicity against CHO target cells in vitro," *Infect Immun,* vol. 73, no. 7, pp. 4098-105, Jul 2005.

[56] S. Y. Kang, K. J. Song, S. R. Jeong, J. H. Kim, S. Park, K. Kim, M. H. Kwon, e H. J. Shin, "Role of the Nfa1 protein in pathogenic Naegleria fowleri cocultured with CHO target cells," *Clin Diagn Lab Immunol,* vol. 12, no. 7, pp. 873-6, Jul 2005.

[57] Y. J. Lee, J. H. Kim, S. R. Jeong, K. J. Song, K. Kim, S. Park, M. S. Park e H. J. Shin, "Production of Nfa1-specific monoclonal antibodies that influences the in vitro cytotoxicity of Naegleria fowleri trophozoites on microglial cells," *Parasitol Res,* vol. 101, no. 5, pp. 1191-6, Out 2007.

[58] M. Cline, R. Carchman e F. Marciano-Cabral, "Movement of Naegleria fowleri stimulated by mammalian cells in vitro", *J Protozool,* vol. 33, n.º 1, pp. 10-3, fevereiro de 1986.

[59] M. Jamerson, B. da Rocha-Azevedo, G. A. Cabral, e F. Marciano-Cabral, "Pathogenic Naegleria fowleri and non-pathogenic Naegleria lovaniensis exhibit differential adhesion to, and invasion of, extracellular matrix proteins," *Microbiology (Reading),* vol. 158, no. Pt 3, pp. 791-803, Mar 2012.

[60] F. L. Réveiller, S. J. Suh, K. Sullivan, P. A. Cabanes, e F. Marciano-Cabral, "Isolation of a unique membrane protein from Naegleria fowleri," *J Eukaryot Microbiol,* vol. 48, no. 6, pp. 676-82, Nov-Dez 2001.

[61] D. M. Toney e F. Marciano-Cabral, "Modulation of complement resistance and virulence of Naegleria fowleri amoebae by alterations in growth media," *J Eukaryot Microbiol,* vol. 41, no. 4, pp. 337-43, Jul-Ago 1994.

[62] M. Leippe e R. Herbst, "Ancient weapons for attack and defense: the pore-forming polypeptides of pathogenic enteric and free-living amoeboid protozoa," *J Eukaryot Microbiol,* vol. 51, no. 5, pp. 516-21, Set-Out 2004.

[63] C. F. Simpson, E. Willaert, F. C. Neal, A. R. Stevens, e M. D. Young, "Experimental Naegleria fowleri meningoencephalitis in sheep: light and electron microscopic studies," *Am J Vet Res,* vol. 43, no. 1, pp. 154-7, Jan 1982.

[64] A. J. Martinez, E. C. Nelson, M. M. Jones, R. J. Duma e W. I. Rosenblum, "Experimental Naegleria meningoencephalitis in mice. An electron microscope study," *Lab Invest,* vol. 25, no. 5, pp. 465-75, Nov 1971.

[65] K. Aldape, H. Huizinga, J. Bouvier, e J. McKerrow, "Naegleria fowleri: characterization of a secreted histolytic cysteine protease," *Exp Parasitol,* vol. 78, no. 2, pp. 230-41, Mar 1994.

[66] J. H. Kim, A. H. Yang, H. J. Sohn, D. Kim, K. J. Song, e H. J. Shin, "Immunodominant antigens in Naegleria fowleri excretory--secretory proteins were potential pathogenic factors," *Parasitol Res,* vol. 105, no. 6, pp. 1675-81, Nov 2009.

[67] E. K. Herman, A. L. Greninger, G. S. Visvesvara, F. Marciano-Cabral, J. B. Dacks e C. Y. Chiu, "O genoma mitocondrial e um segmento de ADN nuclear de 60 kb de Naegleria fowleri, o agente causador da meningoencefalite amebiana primária," *J Eukaryot Microbiol,* vol. 60, n.º 2, pp. 179-91, Mar-Abr 2013.

[68] J. F. De Jonckheere e P. J. Dierickx, "Determination of acid phosphatase and leucine amino peptidase activity as an identification method for pathogenic Naegleria fowleri," *Trans R Soc Trop Med Hyg,* vol. 76, no. 6, pp. 773-5, 1982.

[69] M. R. Feldman, "Naegleria fowleri: fine structural localization of acid phosphatase and heme proteins," *Exp Parasitol,* vol. 41, n.º 2, pp. 283-9, abril de 1977.

[70] J. Serrano-Luna, I. Cervantes-Sandoval, V. Tsutsumi, e M. Shibayama, "A biochemical comparison of proteases from pathogenic naegleria fowleri and non-pathogenic Naegleria gruberi," *J Eukaryot Microbiol,* vol. 54, no. 5, pp. 411-7, Set-Out 2007.

[71] I. Cervantes-Sandoval, J. Serrano-Luna Jde, E. García-Latorre, V. Tsutsumi, e M. Shibayama, "Characterization of brain inflammation during primary amoebic meningoencephalitis," *Parasitol Int,* vol. 57, no. 3, pp. 307-13, Sep 2008.

[72] J. F. De Jonckheere, "Sequence Variation in the Ribosomal Internal Transcribed Spacers, Including the 5.8S rDNA, of Naegleria spp," *Protist,* vol. 149, no. 3, pp. 221-8, Sep 1998.

[73] J. F. De Jonckheere, "A century of research on the amoeboflagellate genus Naegleria," *Ata Protozool,* vol. 41, pp. 309-342, 2002.

[74] J. F. De Jonckheere, "Molecular definition and the ubiquity of species in the genus Naegleria," *Protist,* vol. 155, no. 1, pp. 89-103, Mar 2004.

[75] M. K. Daud, M. Nafees, S. Ali, M. Rizwan, R. A. Bajwa, M. B. Shakoor, M. U. Arshad, S. A. S. Chatha, F. Deeba, W. Murad, I. Malook, e S. J. Zhu, "Estado da qualidade da água potável e contaminação no Paquistão," *Biomed Res Int,* vol. 2017, p. 7908183, 2017.

[76] R. Amin, M. B. Zaidi, S. Bashir, R. Khanani, R. Nawaz, S. Ali, e S. Khan, "Microbial contamination levels in the drinking water and associated health risks in Karachi, Pakistan," *Journal of Water, Sanitation and Hygiene for Development,* vol. 9, no. 2, pp. 319-328, 2019.

[77] R. Siddiqui and N. A. Khan, "Primary amoebic meningoencephalitis caused by Naegleria fowleri: an old enemy presenting new challenges," *PLoS Negl Trop Dis,* vol. 8, no. 8, p. e3017, Aug 2014.

[78] M. Ali, S. B. Jamal, e S. M. Farhat, "Naegleria fowleri in Pakistan," *Lancet Infect Dis,* vol. 20, n.º 1, pp. 27-28, Jan. 2020.

[79] J. Matsuo, S. Nakamura, T. Okubo, M. Fukui, e H. J. P. r. Yamaguchi, "Long-term survival of Naegleria polaris from Antarctica after 10 years of storage at 4° C," vol. 117, no. 3, pp. 937-941, 2018.

[80] F. L. Schuster e G. S. Visvesvara, "Free-living amoebae as opportunistic and non-opportunistic pathogens of humans and animals," *Int J Parasitol,* vol. 34, no. 9, pp. 1001-27, Aug 2004.

[ ]81 S. Shakoor, M. A. Beg, S. F. Mahmood, R. Bandea, R. Sriram, F. Noman, F. Ali, G. S. Visvesvara, e A. Zafar, "Primary amebic meningoencephalitis caused by Naegleria fowleri, Karachi, Pakistan," *Emerg Infect Dis,* vol. 17, no. 2, pp. 258-61, Feb 2011.

[82] A. A. Naqvi, N. Yazdani, R. Ahmad, F. Zehra, e N. J. A. o. P. P. Ahmad, "Epidemiology of primary amoebic meningoencephalitis-related deaths due to Naegleria fowleri infections from freshwater in Pakistan: An analysis of 8-year dataset," vol. 7, no. 4, 2016.

[83] N. I. J. o. I. D. Ghanchi, "Increasing cases of Naegleria fowleri infections from Karachi Pakistan," vol. 73, p. 185, 2018.

[84] K. Mahmood, Rehman, S., Khalid, S. , "Suspected Case of Naegleria fowleri (Primary Amebic Meningo-encephalitis)", *Pakistan Pediatric Journal,* vol. 38, no. 3, p. 3, 2014.

[85] H. M. S. Sazzad, S. P. Luby, J. Sejvar, M. Rahman, E. S. Gurley, V. Hill, J. L. Murphy, S. Roy, J. R. Cope e I. K. M. Ali, "Um caso de meningoencefalite amebiana primária causada por Naegleria fowleri em Bangladesh", *Parasitol Res,* vol. 119, no. 1, pp. 339-344, janeiro de 2020.

[86] N. K. Ghanchi, E. Khan, A. Khan, W. Muhammad, F. R. Malik, e A. Zafar, "Naegleria fowleri Meningoencephalitis Associated with Public Water Supply, Pakistan, 2014," *Emerg Infect Dis,* vol. 22, no. 10, pp. 1835-7, Out 2016.

[87] F. Sanger, G. M. Air, B. G. Barrell, N. L. Brown, A. R. Coulson, C. A. Fiddes, C. A. Hutchison, P. M. Slocombe, e M. Smith, "Nucleotide sequence of bacteriophage phi X174 DNA," *Nature,* vol. 265, no. 5596, pp. 687-95, 24 de fevereiro de 1977.

[88] F. Sanger e A. R. Coulson, "A rapid method for determining sequences in DNA by primed synthesis with DNA polymerase," *J Mol Biol,* vol. 94, no. 3, pp. 441-8, 25 de maio de 1975.

[89] L. M. Smith, J. Z. Sanders, R. J. Kaiser, P. Hughes, C. Dodd, C. R. Connell, C. Heiner, S. B. Kent, e L. E. Hood, "Fluorescence detection in automated DNA sequence analysis," *Nature,* vol. 321, no. 6071, pp. 674-9, 12-18 de junho de 1986.

[90] R. J. Zagursky e R. M. McCormick, "DNA sequencing separations in capillary gels on a modified commercial DNA sequencing instrument," *Biotechniques,* vol. 9, no. 1, pp. 74-9, Jul 1990.

[91] P. Medvedev, M. Stanciu, e M. Brudno, "Computational methods for discovering structural variation with next-generation sequencing," *Nat Methods,* vol. 6, n.º 11 Suppl, pp. S13-20, Nov 2009.

[92] P. Dey, "Sanger Sequencing and Next-Generation Gene Sequencing: Basic Principles and Applications in Pathology", em *Basic and Advanced Laboratory Techniques in Histopathology and Cytology*: Springer, 2018, pp. 227-231.

[93] S. Goodwin, J. D. McPherson, e W. R. McCombie, "Coming of age: ten years of next-generation sequencing technologies," *Nat Rev Genet,* vol. 17, no. 6, pp. 333-51, 17 de maio de 2016.

[94] S. Myllykangas, J. Buenrostro, e H. P. Ji, "Overview of sequencing technology platforms," in *Bioinformatics for high throughput sequencing*: Springer, 2012, pp. 11-25.

[95] E. R. Mardis, "Next-generation DNA sequencing methods," *Annu Rev Genomics Hum Genet,* vol. 9, pp. 387-402, 2008.

[96] F. Vezzi, "Desafios da revolução da sequenciação de nova geração: Pesquisar, montar e validar genomas", 2012.

[97] M. M. Wong, S. L. Karr, Jr., e C. K. Chow, "Changes in the virulence of Naegleria fowleri maintained in vitro," *J Parasitol,* vol. 63, no. 5, pp. 872-8, outubro de 1977.

[98] J. A. Garrido-Cardenas, F. Garcia-Maroto, J. A. Alvarez-Bermejo, e F. Manzano-Agugliaro, "DNA Sequencing Sensors: An Overview," *Sensors (Basileia, Suíça),* vol. 17, no. 3, p. 588, 2017.

[99] Y. Heo, "Improving quality of high-throughput sequencing reads", Universidade de Illinois em Urbana-Champaign, 2015.

[100] S. Balasubramanian, "Solexa sequencing: decoding genomes on a population scale," *Clin Chem,* vol. 61, no. 1, pp. 21-4, Jan 2015.

[101] J. K. J. N. g. s.-a. Kulski, aplicações e desafios, "Next-generation sequencing-an overview of the history, tools, and "omic" applications", pp. 3-60, 2016.

[102] M. L. Metzker, "Sequencing technologies - the next generation," *Nat Rev Genet,* vol. 11, n.º 1, pp. 31-46, Jan. 2010.

[103] N. Whiteford, T. Skelly, C. Curtis, M. E. Ritchie, A. Löhr, A. W. Zaranek, I. Abnizova e C. Brown, "Swift: primary data analysis for the Illumina Solexa sequencing platform", *Bioinformatics,* vol. 25, n.º 17, pp. 2194-9, 1 de setembro de 2009.

[104] N. J. Loman, R. V. Misra, T. J. Dallman, C. Constantinidou, S. E. Gharbia, J. Wain e M. J. Pallen, "Performance comparison of benchtop high-throughput sequencing platforms," *Nat Biotechnol,* vol. 30, no. 5, pp. 434-9, maio de 2012.

[105] X. V. Wang, N. Blades, J. Ding, R. Sultana, e G. Parmigiani, "Estimation of sequencing error rates in short reads," *BMC Bioinformatics,* vol. 13, p. 185, Jul 30 2012.

[106] N. Thakur, P. Shirkot, H. Pandey, K. J. J. o. P. Thakur, e Phytochemistry, "Next generation sequencing-Techniques and its applications," vol. 7, no. 6, pp. 1316-1320, 2018.

[107] J. F. Thompson e K. E. Steinmann, "Single molecule sequencing with a HeliScope genetic analysis system," *Curr Protoc Mol Biol,* vol. Capítulo 7, p. Unit7.10, outubro de 2010.

[108] J. A. Reuter, D. V. Spacek, e M. P. J. M. c. Snyder, "High-throughput sequencing technologies," vol. 58, no. 4, pp. 586-597, 2015.

[109] J. L. Weber e E. W. J. G. r. Myers, "Human whole-genome shotgun sequencing," vol. 7, no. 5, pp. 401-409, 1997.

[110] P. E. Compeau, P. A. Pevzner e G. Tesler, "How to apply de Bruijn graphs to genome assembly", *Nat Biotechnol,* vol. 29, n.º 11, pp. 987-91, 8 de novembro de 2011.

[111] N. Liechti, N. Schürch, R. Bruggmann e M. Wittwer, "O genoma da Naegleria lovaniensis, a base de uma abordagem comparativa para desvendar os factores de patogenicidade da ameba patogénica humana N. fowleri," *BMC Genomics,* vol. 19, n.º 1, p. 654, 5 de setembro de 2018.

[112] D. C. Zysset-Burri , *N.* Müller, C. Beuret, M. Heller, N. Schürch, B. Gottstein, e M. Wittwer, "Genome-wide identification of pathogenicity factors of the free-living amoeba Naegleria fowleri," *BMC Genomics,* vol. 15, no. 1, p. 496, Jun 19 2014.

[113] M. Jain, S. Koren, K. H. Miga, J. Quick,A. C. Rand, T. A. Sasani, J. R. Tyson, A. D. Beggs, A. T. Dilthey, I. T. Fiddes, S. Malla, H. Marriott, T. Nieto, J. O'Grady, H. E. Olsen, B. S. Pedersen, A. Rhie, H. Richardson, A. R. Quinlan, T. P. Snutch, L. Tee, B. Paten, A. M. Phillippy, J. T. Simpson, N. J. Loman, e . Loose, "Nanopore sequencing and assembly of a human genome with ultra-long reads," vol. 36, no. 4, pp. 338-345, 2018.

[114] O. Harismendy, P. C. Ng, R. L. Strausberg, X. Wang, T. B. Stockwell, K. Y. Beeson, N. J. Schork, S. S. Murray, E. J. Topol, S. Levy e K. A. Frazer, "Evaluation of next generation sequencing platforms for population targeted sequencing studies", *Genome Biol,* vol. 10, no. 3, p. R32, 2009.

[115] J. M. Aury, C. Cruaud, V. Barbe, O. Rogier, S. Mangenot, G. Samson, J. Poulain, V. Anthouard, C. Scarpelli, F. Artiguenave, e P. Wincker, "High quality draft sequences for prokaryotic genomes using a mix of new sequencing technologies," *BMC Genomics,* vol. 9, p. 603, Dec 16 2008.

[116] D. A. Seehusen, M. M. Reeves, and D. A. Fomin, "Cerebrospinal fluid analysis," *Am Fam Physician,* vol. 68, no. 6, pp. 1103-8, Sep 15 2003.

[117] C. E. Teunissen, . Petzold, J. L. Bennett, F. S. Berven, L. Brundin, M. Comabella, D. Franciotta, J. L. Frederiksen, J. O. Fleming, R. Furlan, R. Q. Hintzen, S. G. Hughes, M. H. Johnson, E. Krasulova, J. Kuhle, M. C. Magnone, C. Rajda, K. Rejdak, H. K. Schmidt, V. van Pesch, E. Waubant, C. Wolf, G. Giovannoni, B. Hemmer, H. Tumani, e F. Deisenhammer, "A consensus protocol for the standardization of cerebrospinal fluid collection and biobanking," *Neurology,* vol. 73, no. 22, pp. 1914-22, Dec 1 2009.

[118] F. Deisenhammer, A. Bartos, R. Egg, N. E. Gilhus, G. Giovannoni, S. Rauer, F. Sellebjerg, e E. T. Force, "Guidelines on routine cerebrospinal fluid analysis. Report from an EFNS task force," *Eur J Neurol,* vol. 13, no. 9, pp. 913-22, Sep 2006.

[119] F. Deisenhammer, A. Bartos, R. Egg, N. E. Gilhus, G. Giovannoni, S. Rauer, e F. Sellebjerg, "Guidelines on routine cerebrospinal fluid analysis. Report from an EFNS task force," *Eur J Neurol,* vol. 13, no. 9, pp. 913-22, Sep 2006.

[120] I. Ithoi, A. F. Ahmad, V. Nissapatorn, Y. L. Lau, R. Mahmud, e J. W. Mak, "Deteção de espécies de Naegleria em amostras ambientais da Malásia Peninsular," *PLoS One,* vol. 6, n.º 9, p. e24327, 2011.

[121] N. D. Barnett, A. M. Kaplan, R. J. Hopkin, M. A. Saubolle e M. F. Rudinsky, "Primary amoebic meningoencephalitis with Naegleria fowleri: clinical review," *Pediatr Neurol,* vol. 15, no. 3, pp. 230-4, Out 1996.

[122] M. Moussa, J. F. De Jonckheere, J. Guerlotté, V. Richard, A. Bastaraud, M. Romana, e A. Talarmin, "Survey of Naegleria fowleri in geothermal recreational waters of Guadeloupe (French West Indies)," *PLoS One,* vol. 8, no. 1, p. e54414, 2013.

[123] H. Kang, G. S. Seong, H. J. Sohn, J. H. Kim, S. E. Lee, M. Y. Park, W. J. Lee e H. J. Shin, "Effective PCR-based detection of Naegleria fowleri from cultured sample and PAM-developed mouse," *Eur J Protistol,* vol. 51, no. 5, pp. 401-8, Out 2015.

[124] C. T. Wittwer, K. M. Ririe, R. V. Andrew, D. A. David, R. A. Gundry, e U. J. Balis, "The LightCycler: a microvolume multisample fluorimeter with rapid temperature control," *Biotechniques,* vol. 22, no. 1, pp. 176-81, Jan 1997.

[125] R. Fotedar, D. Stark, N. Beebe, D. Marriott, J. Ellis, e J. Harkness, "Laboratory diagnostic techniques for Entamoeba species," *Clin Microbiol Rev,* vol. 20, no. 3, pp. 511-32, índice, Jul 2007.

[126] H. S. Behera, G. Satpathy, and M. Tripathi, "Isolation and genotyping of Acanthamoeba spp. from Acanthamoeba meningitis/ meningoencephalitis (AME) patients in India," *Parasit Vectors,* vol. 9, no. 1, p. 442, Aug 9 2016.

[127] M. Pélandakis, S. Serre, e P. Pernin, "Analysis of the 5.8S rRNA gene and the internal transcribed spacers in Naegleria spp. and in N. fowleri," *J Eukaryot Microbiol,* vol. 47, no. 2, pp. 116-21, Mar-Abr 2000.

[128] S. Kumar, G. Stecher, M. Li, C. Knyaz e K. Tamura, "MEGA X: Molecular Evolutionary Genetics Analysis across Computing Platforms", *Mol Biol Evol,* vol. 35, n.º 6, pp. 1547-1549, 1 de junho de 2018.

[129] K. Tamura, M. Nei, e S. Kumar, "Prospects for inferring very large phylogenies by using the neighbor-joining method," *Proc Natl Acad Sci U S A,* vol. 101, no. 30, pp. 11030-5, Jul 27 2004.

[130] H. Su, S. Liu, Y. Li, Y. Cao, M. Chen,X. Su, e X. J. C. Yang, "Dactylella qiluensis, uma nova espécie de hifomiceto aquático da China," vol. 32, no. 2, pp. 177-183, 2011.

[131] G. J. Kastanis, L. V. Santana-Quintero, M. Sanchez-Leon, S. Lomonaco, E. W. Brown e M. W. Allard, "Análise comparativa aprofundada das métricas de execução do Illumina(®) MiSeq: Desenvolvimento de uma ferramenta de avaliação de qualidade de laboratório húmido", *Molecular ecology resources,* vol. 19, no. 2, pp. 377-387, 2019.

[132] T. Seemann, "Prokka: rapid prokaryotic genome annotation," *Bioinformatics,* vol. 30, no. 14, pp. 2068-9, Jul 15 2014.

[133] A. Bankevich, S. Nurk, D. Antipov, A. A. Gurevich, M. Dvorkin, A. S. Kulikov, V. M. Lesin, S. I. Nikolenko, S. Pham, A. D. Prjibelski, A. V. Pyshkin, A. V. Sirotkin, N. Vyahhi, G. Tesler, M. A. Alekseyev, and P. A. Pevzner, "SPAdes: a new genome assembly algorithm and its applications to single-cell sequencing," *J Comput Biol,* vol. 19, no. 5, pp. 455-77, maio de 2012.

[134] M. Tillich, P. Lehwark, T. Pellizzer, E. S. Ulbricht-Jones, A. Fischer, R. Bock e S. Greiner, "GeSeq - anotação versátil e precisa de genomas de organelas", *Nucleic Acids Res,* vol. 45, no. W1, pp. W6-w11, 3 de julho de 2017.

[135] A. Waterhouse, M. Bertoni, S. Bienert, G. Studer, G. Tauriello, R. Gumienny, F. T. Heer, T. A. P. de Beer, C. Rempfer, L. Bordoli, R. Lepore e T. Schwede, "SWISS-MODEL: modelação de homologia de estruturas e complexos proteicos", *Nucleic Acids Res,* vol. 46, no. W1, pp. W296-w303, 2 de julho de 2018.

[136] S. J. J. o. G. Qureshi e R. Planning, "The fast growing megacity Karachi as a frontier of environmental challenges: Urbanization and contemporary urbanism issues," vol. 3, n.º 11, pp. 306-321, 2010.

[137] W. H. Organization, "Guidelines for drinking-water quality, 3rd edition: Volume 1 - Recomendações", vol. 1, p. 668, 2008 2008.

[138] D. C. Burri, B. Gottstein, B. Zumkehr, A. Hemphill, N. Schürch, M. Wittwer, e N. Müller, "Desenvolvimento de um modelo de alta versus baixa patogenicidade da ameba de vida livre Naegleria fowleri," *Microbiology (Reading),* vol. 158, no. Pt 10, pp. 2652-2660, Out 2012.

[139] J. D. Thompson, T. J. Gibson, F. Plewniak, F. Jeanmougin, e D. G. Higgins, "The CLUSTAL_X windows interface: flexible strategies for multiple sequence alignment aided by quality analysis tools," *Nucleic Acids Res,* vol. 25, no. 24, pp. 4876-82, Dec 15 1997.

[140] A. Sali e T. L. Blundell, "Comparative protein modelling by satisfaction of spatial restraints," *J Mol Biol,* vol. 234, no. 3, pp. 779-815, 5 de dezembro de 1993.

[141] R. A. Laskowski, D. S. Moss, e J. M. Thornton, "Main-chain bond lengths and bond angles in protein structures," *J Mol Biol,* vol. 231, no. 4, pp. 1049-67, 20 de junho de 1993.

[142] M. J. Sippl, "Recognition of errors in three-dimensional structures of proteins," *Proteins,* vol. 17, no. 4, pp. 355-62, Dez 1993.

[143] W. Humphrey, A. Dalke, e K. Schulten, "VMD: visual molecular dynamics," *J Mol Graph,* vol. 14, no. 1, pp. 33-8, 27-8, Feb 1996.

[144] R. Siddiqui, I. K. M. Ali, J. R. Cope, e N. A. Khan, "Biology and pathogenesis of Naegleria fowleri," *Ata Trop,* vol. 164, pp. 375-394, Dez 2016.

[145] A. M. Baig, "Meningoencefalite amebiana primária: Neurochemotaxis and Neurotropic Preferences of Naegleria fowleri," *ACS Chem Neurosci,* vol. 7, no. 8, pp. 1026-9, Aug 17 2016.

[146] A. R. Stevens, S. T. Shulman, T. A. Lansen, M. J. Cichon, e E. Willaert, "Primary amebic meningoencephalitis: a report of two cases and antibiotic and immunologic studies," *J Infect Dis,* vol. 143, no. 2, pp. 193-9, Feb 1981.

[147] M. C. Tung, B. M. Hsu, C. W. Tao, W. C. Lin, H. F. Tsai, D. D. Ji, S. M. Shen, J. S. Chen,F. C. Shih e Y. L. Huang, "Identificação e significado de Naegleria fowleri isolada da fonte termal relacionada com o primeiro doente com meningoencefalite amebiana primária (PAM) em Taiwan", *Int J Parasitol,* vol. 43, n.º 9, pp. 691-6, agosto de 2013.

[148] K. M. Karrer, S. L. Peiffer e M. E. DiTomas, "Two distinct gene subfamilies within the family of cysteine protease genes," *Proc Natl Acad Sci U S A,* vol. 90, no. 7, pp. 3063-7, 1 de abril de 1993.

[149] J. H. McKerrow, C. Caffrey, B. Kelly, P. Loke, e M. Sajid, "Proteases in parasitic diseases," *Annu Rev Pathol,* vol. 1, pp. 497-536, 2006.

[150] J. F. De Jonckheere, "The impact of man on the occurrence of the pathogenic free-living amoeboflagellate Naegleria fowleri," *Future Microbiol,* vol. 7, no. 1, pp. 5-7, Jan 2012.

[151] E. Hamaty, Jr., S. Faiek, M. Nandi, D. Stidd, M. Trivedi e H. Kandukuri, "Um caso fatal de meningoencefalite amebiana primária de águas recreativas", *Case Rep Crit Care,* vol. 2020, p. 9235794, 2020.

[152] A. J. Martinez e G. S. Visvesvara, "Laboratory diagnosis of pathogenic free-living amoebas: Naegleria, Acanthamoeba, and Leptomyxid," *Clin Lab Med,* vol. 11, no. 4, pp. 861-72, Dez 1991.

[153] N. H. Phu, N. T. Hoang Mai, H. D. Nghia, T. T. Chau, P. P. Loc, H. Thai le, T. M. Phuong, C. Q. Thai, D. N. Man, N. Van Vinh Chau, T. V. Nga, J. Campbell, S. Baker e J. Whitehorn, "Fatal consequences of freshwater pearl diving", *Lancet,* vol. 381, n.º 9861, p. 176, 12 de janeiro de 2013.

[154] M. Nicolas, J. F. De Jonckheere, P. Pernin, H. Bataille, V. Le Bris, e C. Herrmann-Storck, "[Molecular diagnosis of a fatal primary amoebic meningoencephalitis in Guadeloupe (French West Indies)]," (em livre tradução), *Bull Soc Pathol Exot,* vol. 103, n.º 1, pp. 14-8, Fev. 2010. Diagnostic moléculaire d'une méningoencéphalite amibienne primitive à l'occasion d'un cas fatal en Guadeloupe.

[155] B. da Rocha-Azevedo, H. B. Tanowitz, e F. Marciano-Cabral, "Diagnosis of infections caused by pathogenic free-living amoebae," *Interdiscip Perspect Infect Dis,* vol. 2009, p. 251406, 2009.

[156] A. Yuan, N. Jeffries, e G. Zheng, "Maximum Likelihood," in *Brenner's Encyclopedia of Genetics (Second Edition)*, S. Maloy and K. Hughes, Eds. San Diego: Academic Press, 2013, pp. 328-329.

[157] S. Water e W. H. Organization, "Guidelines for drinking-water quality [electronic resource]: incorporating first addendum. Vol. 1, Recommendations," 2006.

[158] W. H. Organization, "Boron in drinking-water: Background document for development of WHO Guidelines for Drinking-water Quality," Organização Mundial de Saúde2009.

[159] S. B. o. S. UNICEF, "Sindh Multiple Indicator Cluster Survey 2014, Final Report", p. 529, 2015.

[160] P. Bonilla-Lemus, S. Rojas-Hernández, E. Ramírez-Flores, D. A. Castillo-Ramírez, A. C. Monsalvo-Reyes, M.A. Ramírez-Flores, K. Barrón-Graciano, M. Reyes-Batlle, J. Lorenzo-Morales, e M. M. Carrasco-Yépez, "Isolation and Identification of Naegleria Species in Irrigation Channels for Recreational Use in Mexicali Valley, Mexico," *Pathogens,* vol. 9, n.º 10, 7 de outubro de 2020.

[161] O. Vasiljeva, T. Reinheckel, C. Peters, D. Turk, V. Turk, e B. Turk, "Emerging roles of cysteine cathepsins in disease and their potential as drug targets," *Curr Pharm Des,* vol. 13, no. 4, pp. 387-403, 2007.

[162] S. Verma, R. Dixit e K. C. Pandey, "Cysteine Proteases: Modes of Activation and Future Prospects as Pharmacological Targets", *Front Pharmacol,* vol. 7, p. 107, 2016.

[163] K. Moin, L. Demchik, J. Mai, J. Duessing, C. Peters, e B. F. Sloane, "Observing proteases in living cells," *Adv Exp Med Biol,* vol. 477, pp. 391-401, 2000.

[164] S. Kornfeld, "Trafficking of lysosomal enzymes," *Faseb j,* vol. 1, no. 6, pp. 462-8, Dez 1987.

[165] C. C. Calkins, M. Sameni, J. Koblinski, B. F. Sloane, e K. Moin, "Differential localization of cysteine protease inhibitors and a target cysteine protease, cathepsin B, by immuno-confocal microscopy," *J Histochem Cytochem,* vol. 46, no. 6, pp. 745-51, Jun 1998.

[166] M. Sameni, E. Elliott, G. Ziegler, P. H. Fortgens, C. Dennison, e B. F. Sloane, "Cathepsin B and D are Localized at the Surface of Human Breast Cancer Cells," *Pathol Oncol Res,* vol. 1, no. 1, pp. 43-53, 1995.

[167] B. F. Sloane, K. Moin, and, T. T. Lah, "Regulation of lysosomal endopeptidases in malignant neoplasia," M. A. O. S. Cancers, vol. 2, pp. 411-466, 1994.

[168] M. Erdel, G. Trefz, E. Spiess, S. Habermaas, H. Spring, T. Lah, e W. Ebert, "Localization of cathepsin B in two human linhagens de células de cancro do pulmão," *J Histochem Cytochem,* vol. 38, no. 9, pp. 1313-21, Sep 1990.

[169] E. Krepela , J. Bártek, D. Skalková, J. Vicar, D. Rasnick, J. Taylor-Papadimitriou, e R. C. Hallowes, "Cytochemical and biochemical evidence of cathepsin B in malignant, transformed and normal breast epithelial cells," *J Cell Sci,* vol. 87 (Pt 1), pp. 145-54, Feb 1987.

[170] I. Zyserman, D. Mondal, F. Sarabia, J. H. McKerrow, W. R. Roush, e A. Debnath, "Identification of cysteine protease inhibitors as new drug leads against Naegleria fowleri," *Exp Parasitol,* vol. 188, pp. 36-41, maio de 2018.

[171] D. Musil, D. Zucic, D. Turk, R. A. Engh, I. Mayr, R. Huber, T. Popovic, V. Turk, T. Towatari, e N. Katunuma, "The refined 2.15 A X-ray crystal structure of human liver cathepsin B: the structural basis for its specificity," *Embo j,* vol. 10, no. 9, pp. 2321-30, Sep 1991.

[172] J. Lee, J. H. Kim, H. J. Sohn, H. J. Yang, B. K. Na, Y. J. Chwae, S. Park, K. Kim e H. J. Shin, "Novel cathepsin B and cathepsin B-like cysteine protease of Naegleria fowleri excretory-secretory proteins and their biochemical properties," *Parasitol Res,* vol. 113, no. 8, pp. 2765-76, Aug 2014.

MIX
Papier aus verantwortungsvollen Quellen
Paper from responsible sources
FSC® C105338

Printed by Books on Demand GmbH, Norderstedt / Germany